JAPANESE RESIDENCE

日本住宅导读

（日）雄桥高广 / 编

广西师范大学出版社
· 桂林 ·

images
Publishing

Contents

目录

Foreword

前言

历史上的日本建筑风格

日本历史上的上层阶级住房传统仍然影响着今天的日本建筑。这些建筑加入了大量的元素，涉及政治、文化和日常生活的方方面面，并融合成一套独特的施工方法。很多现代的日本房屋均延续了这些住房传统。

历史上的日本建筑风格可分为三大类：寝殿造 (Shinden-zukuri)、书院造 (shoin-zukuri) 和数奇屋造 (sukiya-zukuri)。（"造"意指"风格"。）

寝殿造，来源于一个日语单词，其意思是主要用于睡觉的宅邸，创立于日本平安时代 (794~1185)，是当时日本上层阶级的住房风格。寝殿造强调的是典雅及与自然的和谐相融。

平安时代的文化非常重视自然和四季，这一点可以在和歌（一种由 31 个音节构成的诗歌形式）中得到证实——这种诗歌形式经常以自然为主题。因此，从那个时代起，树木和人工池塘便广泛出现于宅邸中。

从建筑学上讲，宅邸周围通常要设置一条开放式走廊，宅邸内仅有立柱，基本上没有墙壁。房屋四周都设有大门，人们可以从各个方向进入宅邸，也便于新鲜空气的自由流动。随着寝殿造的不断发展，这种建筑风格最终转变成一种全新的风格——书院造。

书院造始于日本室町时代 (1336~1573)，并一直沿用至江户时代早期，侧重营造一种贵族气派的书院氛围。随着时间的流逝，宅邸已然超越了日常居所，并被改造成仪式空间，这或许是武士阶级（一个十分关注仪式的社会阶级）的崛起导致的。书院造的主房间（或书院）内设有写字桌、窗户、书架和榻榻米垫。寝殿造内均为开放空间，而书院造内会使用各种类型的隔断，例如拉阖门（一种绘有场景画的滑动门板）和障子（一种将半透明纸张糊在木制框架上的房间隔板）。

数奇屋造出现于日本安土桃山时代 (1573~1603)。这种建筑风格倡导更为个性化的建筑风貌。这一时期虽然十分注重外化身份，但是很多精英人士并不喜欢精致的装饰品，他们更喜欢简单却精致的设计风格。另外，数奇屋造使用的材料和技术在当时并不多见。例如，房屋设计没有使用传统的白色墙面，而是选用了沙土覆面的墙壁。房屋的屋檐也很长，增添了内部空间的深邃沉静之感。然而，随着时间的流逝，特别是在江户时代之后，数奇屋造开始使用更为精致的材料和施工方法。如今，数奇屋造已经变成一种十分奢华的建筑风格，是高级建筑的代名词，而这种建筑风格需要先进的技术，如今常见于日本的高档餐厅。

现代日本建筑

在日本明治时代 (1868~1912)，还没有官方的建筑规范。这一时代的日本建筑融入了很多西方技术，人们认为现代化就是西方化。西方技术的加入促使建筑领域飞速发展，但是这种西式房屋的总数并不多，而且仅为上层阶级的资产，大多数人仍然在传统的日式房屋中居住和生活。

从日本大正时代（1912~1926）开始，城市中产阶级开始向往西式生活，越来越多的房屋的设计开始将西式建筑风格和日式建筑风格结合在一起，但还是将一些日式特色保留下来，例如，日式房屋中的榻榻米垫。

第二次世界大战之后，大量日本住房遭到毁坏。人们将很多低质量的营房组合在一起，以此解决住房短缺的问题。然而，即便日本进入高速经济增长时代，这个国家对住房的需求仍然在不断地增长。这也在一定程度上推动了低价住房的普及和胶合板等低价材料的使用。

1960年，木材进口放宽限制以后，低价进口木材涌入日本市场，进而降低了新建筑的施工成本。从20世纪70年代起，预制住房开始普及，进而建造了大量的住房。近年来，日本住房已经摒弃了传统的施工方法，开始以钢材和混凝土为材料，并采用预制施工技术。

日本建筑的现状与未来

在20世纪80年代，三代同堂这种家庭结构模式最为常见。但是，到了2015年，日本最为常见的家庭结构变成了夫妻二人和单身独居。

随着人口统计数据和生活方式的不断变化，以及技术的飞速发展，日本社会要求住房产业做出相应的改变，以适应社会的发展。

在这个推崇个性的时代，日本住房的设计也在经历着巨大的变革。早在20年以前，房屋还是家族继承遗产，如今，却仅为一代人所有——孩子成年以后，离开父母，外出工作。很多住房建筑师已经开始着手处理日本不断变化的建筑景观。日本是一个地震多发的国家，因而有着严格的住房规范，这些设计师也希望找到自己的风格，而传统家庭动态的瓦解则开辟了全新的设计空间来供他们进行探索。

本书中收录的很多日本房屋的建筑面积都很小，大多不超过100平方米，有些甚至不到50平方米。日本是个寸土寸金的国家，这也导致了居住空间紧张的情况。由于空间有限，很多日本人推崇极简主义，只在家中摆放绝对必要的物件。

人口老龄化和出生率下降的情况，导致了空置房的数量不断增加，进而带来了新的住房挑战。住房翻修可以满足下一代人的使用需求，因而变得尤为重要。另外，新技术利弊各半：一方面，用新技术对空置建筑进行改造的费用高昂，而且费时费力；另一方面，3D建模技术可以显著地提高设计加工效率。本书中收录的项目就展示了一些技术是如何改变日本住房的实例。

我们如今生活在一个智能的、手握互联网的时代。孩子们自出生起就一直在使用互联网，他们看待世界的视角与我们截然不同。日本建筑需要不断变革以适应这些即将到来的变化。收录于本书中的日本住房项目反映出这一变革已然开始。

雄桥高广
studio LOOP 建筑设计事务所

A Large Roof
in the Forest

森林里的大屋顶

建筑设计
Kazunori Tenkyu

地点
香川, 高松
完成时间
2014
建筑面积
129.37 平方米
摄影
Kazunori Nomura

这座建筑位于高松市内一座小山的山脚下, 其南面被树木覆盖, 西北方面向市区。人们只要往高处爬几米, 就能眺望几十千米外, 天空与城市相连的地方。设计师反复构思平面图, 最终决定采用能充分利用材料特性的方案, 以发挥材料特性的最大优势, 并进一步确定了设计所采取的基本理念, 即将生活方式与空间相融合。

客厅一侧的三个柱子并排在一起, 代表了三位家庭成员, 它们不仅支撑着巨大的屋顶, 也与南面的大树和谐相融。设计师也充分利用了室外的景色, 通过与地势的配合, 使得建筑物与地面的对比变得更加柔和。人们可以在屋顶上欣赏高松市的风景, 而周围的樱桃树也使这里的风景变得更美好。

二楼 平面图

一楼 平面图

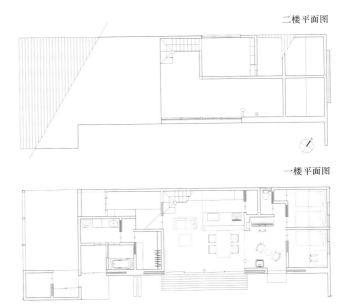

Alley House

小巷住宅

建筑设计
Takanobu Kishimoto

地点
德岛

完成时间
2016

建筑面积
91.14 平方米

摄影
Eiji Tomita

该项目有南北两个空地，住宅坐落于南面的空地上，而北侧的空地可在将来为住户的女儿建造房屋，届时，南北两侧的连接部分就会变得非常重要。

这里很有特色的一个狭窄的小巷被保留下来，这意味着这条狭窄的街道会通向北面和南面的区域延伸出来的地方。住宅分为三个空间，分别为有水区域、男主人的兴趣室以及女主人及其女儿的活动区域。家人团聚的地点位于小巷空间之中，该空间也与他们各自的私人空间相连。将来，这个小巷形状的空间也将连接北面与南面的建筑。

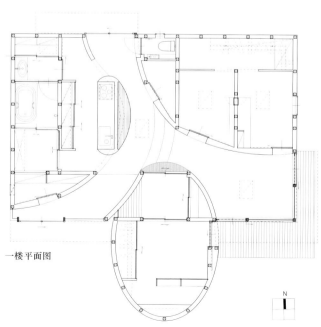

一楼平面图

N

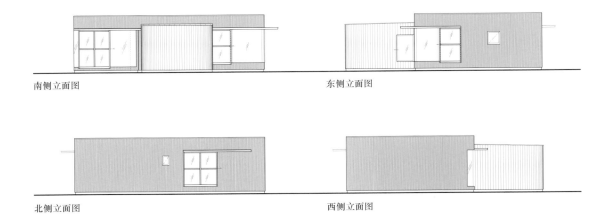

南侧立面图 东侧立面图

北侧立面图 西侧立面图

Apartment House

公寓住宅

建筑设计
Kazuyasu Kochi
(Kochi Architect's Studio)

地点
千叶

完成时间
2014

建筑面积
99.37 平方米

摄影
Daichi Ano, Kazuyasu Kochi

这是一个位于东京近郊区的独户住宅翻新项目，它原本是一个二层公寓楼，有八个可供出租的房间。因为这座老旧的木制公寓楼里有一半以上的房间是空着的，所以业主打算拆除整座建筑，重新建造一座独户住宅。可是，设计师提议不拆除全部的建筑，而是将其翻修，把现有的建筑改造成住宅。因为按照业主提出的预算，完全重建的话只能建造原来一半的建筑面积，这样对他们来说并不划算。

建筑物内部有些空间需要分割，有些空间需要重新合并在一起。改建的结果产生了动态的、复杂多变的内部空间，既能为住户提供整体的空间体验，又不丧失个人空间的私密感。在这个项目中，设计师的目标是在这个小型建筑中创造出密集和丰富多样的风景。

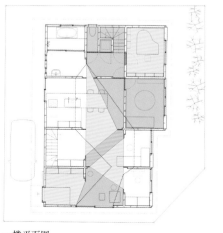

一楼平面图

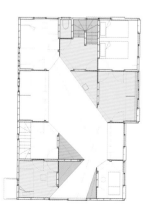

二楼平面图

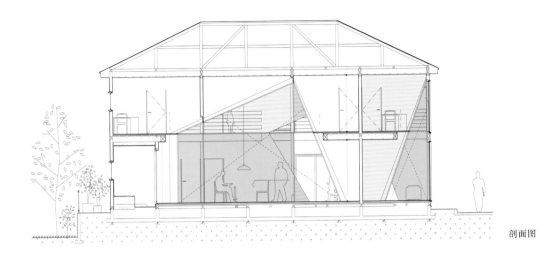

剖面图

Binocular House

双筒镜住宅

建筑设计
Masao Yahagi

地点
山口, 宇部

完成时间
2015

建筑面积
168.18 平方米

摄影
Kouichi Torimura

该别墅的住户是一对追求自然景观的夫妻及其子女, 而别墅刚好有一块区域正对着常盘湖。起初这片区域长满了杂木, 但如果为了建筑房屋而砍掉这些树木, 湖水堤坝就会随之崩塌, 所以设计者尽量保留了该区域附近的树木。

从湖边的灌木丛望去, 整个别墅的造型像极了一个双目望远镜的形状。二楼的主卧室和起居室分别位于建筑的两翼, 从这两处望去, 湖水呈现的景色稍有差异。一楼是男主人的兴趣工作室和浴室; 中间的空地可以作为一块花艺蔬菜种植基地, 女主人可以在这里尽情享受种植的乐趣。除此之外, 设计者还在一层设计了一间客房, 阳台则在二层, 而房屋的中心区域是一个庭院。

立面图 1

立面图 2

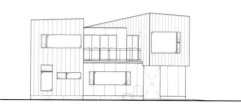

立面图 3

剖面图 1

剖面图 2

Box
Ouchi-06

箱式住宅—06

建筑设计
Jun Ishikawa, Naoko Ishikawa

地点
福岛

完成时间
2014

建筑面积
107 平方米

摄影
Hiroshi Ueda

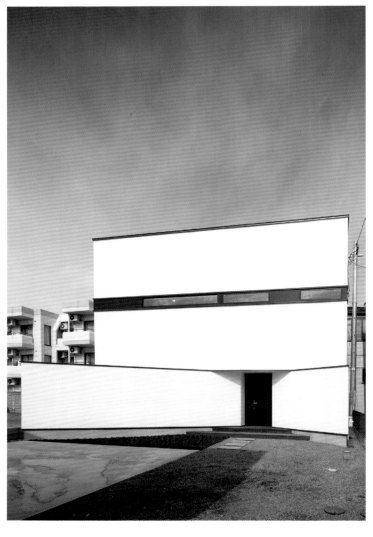

设计师将主卧室、储藏间、辅助间和卫生间置于一楼,客厅置于二楼。建筑的外观则像是把一个白色的盒子安放在侧身立着的白色墙体上。墙面正好位于一楼的浴室之前,把内部与外部阻隔开来。

从入口进入室内,右侧是一间准备室,其中的地板是榻榻米制成的。这个房间的窗户与侧立的外墙之间有一小块空地,被当作了阳光花园。入口的左侧有一间主卧室,这一侧同样也有一个阳光花园。二楼有两间儿童房,还有一间天花板较低的储藏室。二楼还包括一个半跃层的客厅,那里有一个水平边较长的窗户,由于该空间位于墙体之内,所以外界也很难由此看到建筑内部。从客厅出发,走楼梯便可来到屋顶阳台。阳台的四周有墙遮挡着,既可以阻挡铁路噪音,也可以遮挡外界的视线。

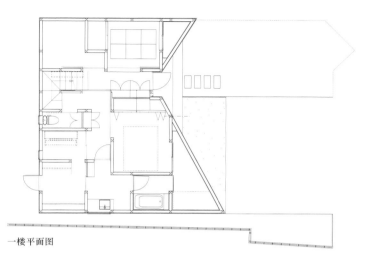

一楼平面图

二楼平面图

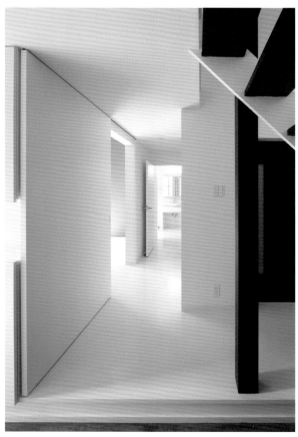

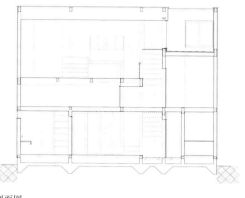

剖面图

Box
Ouchi-08

箱式住宅—08

建筑设计
Jun Ishikawa, Kiyo Turu

地点
东京

完成时间
2015

建筑面积
86 平方米

摄影
Jun Ishikawa

这座位于东京的住宅是箱式风格的，还带有一个屋顶阳台。设计师从业主"希望客厅越大越好"的意愿出发，把私人房间和浴室都放在一楼，从而把二楼设计成一个巨大的完整空间。

从入口进入室内，有一个楼梯直通二楼的客厅。一楼布置了主卧室、儿童房、客房和卫生间。

在低矮的天花板上方有一个屋顶阳台，客厅里有一个楼梯可以直通到阳台上。沿着朝东的窗户和阳台有一处透明的地板，窗户上方的灯光可以通过地板落到客厅里。此外，客厅里还有一个 X 形的木质承重墙，它也是设计的一部分。采用这种 X 形结构可以使房屋能够抵御地震和台风。

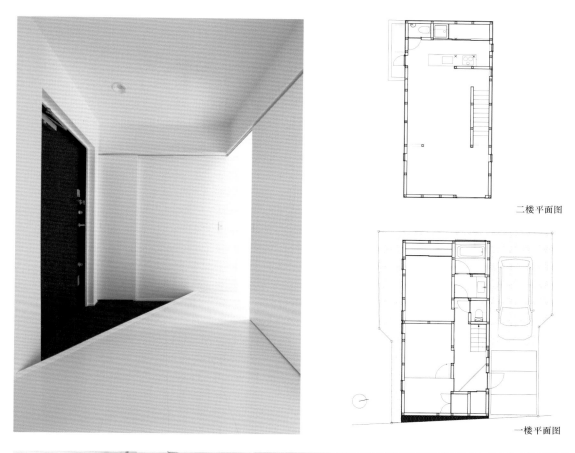

二楼 平面图

一楼 平面图

Box
Ouchi-10

箱式住宅—10

建筑设计
Jun Ishikawa

地点
东京

完成时间
2015

建筑面积
103 平方米

摄影
Nobutaka Sawazaki

这栋建筑坐落于东京,是一栋带有提花织纹设计的三层楼住宅。设计师打算建造一座三层楼的木制建筑,由于法律规定了高度限制,所以该建筑的一楼被建造在低于地平线的位置,以此增加三楼的楼层高度。储藏室、准备室与卫生间位于一楼,客厅、餐厅和厨房位于二楼,卧室和儿童房则位于三楼。设计师还在屋顶上设计了一个空地。业主希望能在客厅里安装一扇大窗户,因此设计师提出在南侧开大窗的计划,幸运的是,该侧正对着邻居家无窗的墙壁,因此无须担心隐私问题。玻璃窗采用特制钢材和耐热钢化玻璃,无须采用阻燃玻璃即可获得高能见度。根据日本的规定,市区内建筑所使用的窗户不得超过 3 平方米,因此,设计师使用了四扇面积在 3 平方米以内的窗户,合并成了一扇大窗。这扇使人们常常忘却其存在的巨大窗户,创造出一个开放式的客厅,人们可以在此仰望星空,而这成了该栋建筑的一大特点。

三楼平面图

二楼平面图

一楼平面图

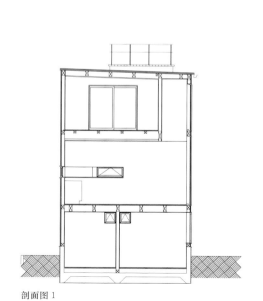

剖面图 1

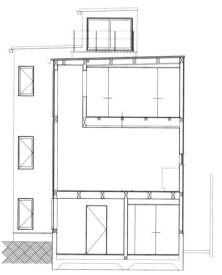

剖面图 2

Cardigan Cardigan!!

开衫住宅

建筑设计
Takeru Shoji

地点
新潟

完成时间
2015

建筑面积
95.58 平方米

摄影
Isamu Murai

这座住宅的前方有一个开放的空间，被用来当作车库。巨大的屋顶将外部的城镇景观阻隔在外，同时又保留了一定的开放性，使内部和外部相互连接。这样，开放空间上方的屋顶便具有了重要的意义。

这座建筑的平面规划很简洁，客厅、餐厅、厨房位于一楼，居住者可以坐在客厅的地板上，也可以到二楼的私人房间里休息。设计师通过在多个不同的地点构建吸引住户停留的环境，使家庭成员之间可以保持一定距离，而这种距离通常是固定的。在一楼和二楼之间有一条长长的楼梯，可以通向屋顶和这所住宅的其他各个角落。这座建筑采用了木窗扇，在冬季，温暖的阳光能使室内升温。在垂直通风方面，设计师采用了网格地板，使空气只依靠空调就可以从一楼流通到二楼。

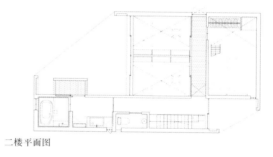

二楼 平面图

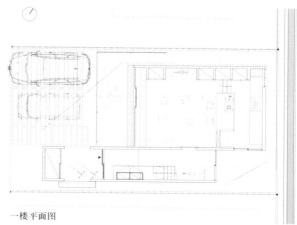

一楼 平面图

Complex

综合楼

建筑设计
FORM / Kouichi Kimura Architects

地点
滋贺

完成时间
2015

建筑面积
499.07 平方米

摄影
Yoshihiro Asada

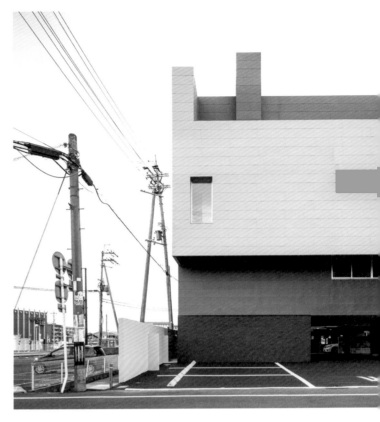

该建筑共四层，包括一层的车库，二层的办公室和三、四层的客房。

里面坚固的墙体以粗钢板加以装饰，为建筑物增加了气势磅礴的感觉，而精心设计的多个开口又为其添加了些许轻巧之感。

这座建筑的内部空间的特点体现在第三、四层的客房的设计中。这两层的客厅和餐厅的空间以光线为主题。由墙壁上的空隙射入房间内的光线，在天花板和室内空间中产生了变化的视觉效果。光线四散，一方面为房间带来温和的氛围，另一方面又创造出清爽的空间。

这令人印象深刻的设计充分利用了建筑物内部与外部的光线和阴影，使整座建筑成为当地的一座地标。

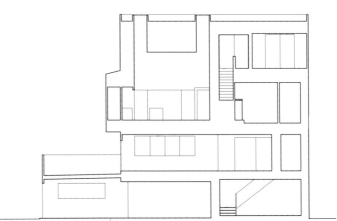

剖面图

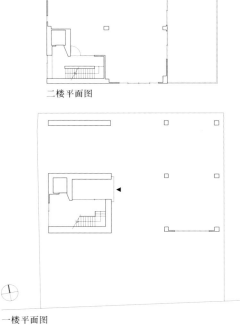

二楼 平面图

四楼 平面图

三楼 平面图

一楼 平面图

Courtyard in Kudamatsu

下松庭院

建筑设计
Takanobu Kishimoto

地点
下松

完成时间
2014

建筑面积
72.04 平方米

摄影
Eiji Tomita

这个住宅项目位于县公路沿线，业主希望他们可以自由穿梭于自家和邻里之间，他们的孩子可以在室内和室外自由奔跑。住宅的屋顶是由瓦制作的，前门是木质的。业主希望在公路上就能看见他们的家，所以房屋建造在离公路较近的地方，看起来就像是该区域的大门和栅栏。这所房子有一个极大的屋顶，以表达对家乡的敬意。

这座建筑面对家乡的一侧有一个巨大的开口，使他们能意识到自己是家乡的一部分。孩子们可以直接到邻居家，而不需要走外面的公路。设计师还将室内空间设计得宛如户外。房屋的建设充分考虑了安全性的问题，使他们的孩子可以安全而自由地玩耍。

一楼平面图

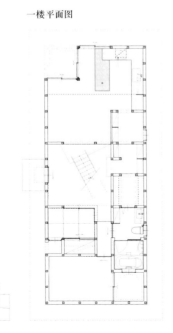

二楼平面图

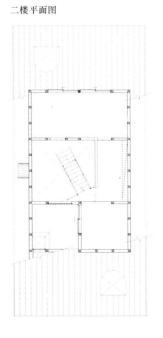

N

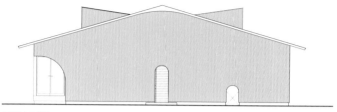

西侧立面图

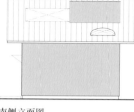

南侧立面图

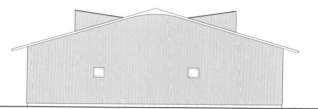

东侧立面图

北侧立面图

Curved Roof
House

曲顶别墅

建筑设计
Hiromu Nakanishi Architects

地点
京都

完成时间
2015

建筑面积
143.5 平方米

摄影
Kai Nakamura

别墅的曲顶建筑样式完美地将现代派建筑和传统町屋式结构的特点相融合，使整个内部空间向外开放。设计师受到传统和式庭院风格的影响，诸如无邻庵和元通寺，充分利用建筑周围的自然环境，向人们展示了具有日本古典文化气息的建筑样式。町屋看起来趋于传统，却又有现代派的风格。

建筑的内外装潢看上去古朴、自然，秉承传统的气息，而其中的设施和家用电器却时尚、精巧。空调、地热系统都巧妙地藏匿在这个古典雅致的结构之中。喜欢与自然亲近的住户可以在这里充分享受和煦的日光和暖风。

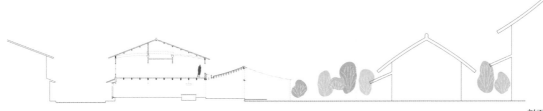

剖面图

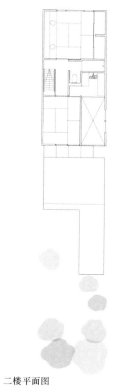

二楼平面图

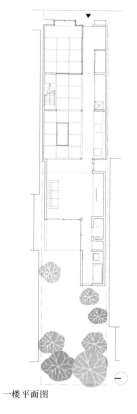

一楼平面图

Daiko

大库住宅

建筑设计
Keitaro Muto

地点
岐阜

完成时间
2017

建筑面积
159.2平方米

摄影
Teruaki Yoshiike

这是一座位于名古屋市中心附近的三层住宅。用桁架构建出露台的侧墙有两个效果：首先屏蔽了邻居和临街道路的视线，其次也分割了城市景观和天空。考虑到住户将来可能需要用到更多的房间，室内利用墙壁将空间分成四部分，形成不规则的错层。部分墙面被打通，使得各个房间之间形成互动。楼梯和墙壁这些线条的设计看起来就如平日常见的户外开放空间一般，以便屋内获得充足的采光。附近其他各式各样的空间也采用了类似的设计，将住宅打造成宽敞的阳光房。

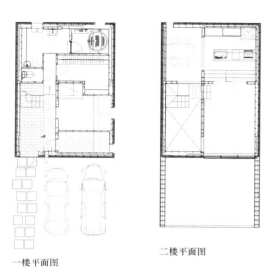

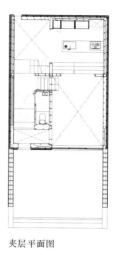

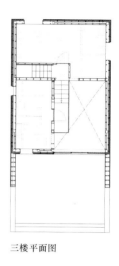

一楼 平面图

二楼 平面图

夹层 平面图

三楼 平面图

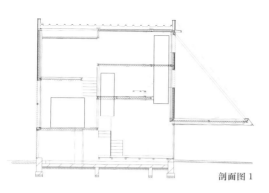

剖面图 1

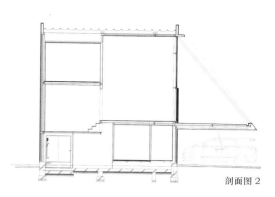

剖面图 2

Elephant House

大象住宅

建筑设计
Hiromu Nakanishi Architects

地点
京都

完成时间
2014

建筑面积
95.06 平方米

摄影
Kai Nakamura

这座建筑位于 16 世纪"御土居"遗址旁边，所以要建在一片下陷的地方。它的内院发挥了重要的作用，创造出了一个舒适的内部环境。这个内院对环境系统也很重要，为住户提供了采光、通风和自然环境。根据气流、供暖和声音传播范围等条件，这座房子可以作为一整个房间，也可以被分为多个房间。为了内院的空气流通，浴室和日光室的门常常是开着的。

在夏天，住户可以使用高侧窗和屋顶来散热，而冬天则采用地暖供热。整座建筑由木材建造，建筑结构十分简单，由外墙、内墙和屋顶组成。设计师希望这座建筑所表达的不仅仅是其框架结构，更是活动空间、气氛和家居装饰。他们的目标是在一个纯粹的建筑中创造出多样化而又独特的空间。

一楼平面图

二楼平面图

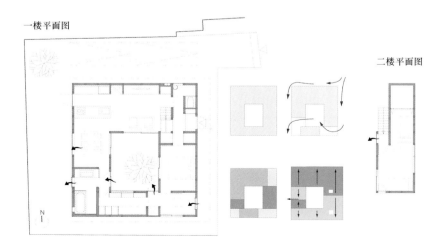

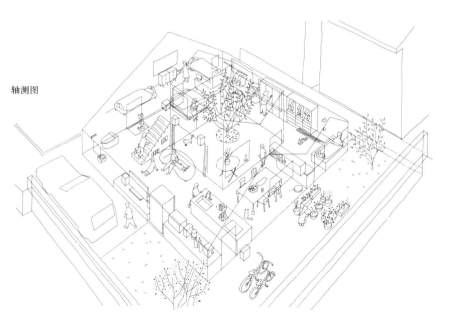

轴测图

F Residence

F 住宅

建筑设计
Shinichi Ogawa & Associates

地点
岐阜

完成时间
2017

建筑面积
212.8 平方米

摄影
Shinichi Ogawa & Associates,
Toshiyuki Yano

由于该地被广阔的水稻田环绕，设计师的构想是通过抬高建筑物的整体地基，营造出其漂浮于水田之上的感觉。悬于水田上方的长桥通往建筑物的入口，屋内南侧区域用于起居、就餐、烹饪及办公，北侧作为主卧、儿童房和准备室。设计师将地板和天花板共同延伸来打造出露台，将室内空间、外面的露台以及前方的田园风光自然地衔接起来，使居住者仿佛完全置身于大自然中。核心区域覆盖了浴室、卫生间、储物间等各种功能区，天井被设置在了浴室和卫生间里，成为亲近自然的私人开放空间。这座建筑周围环绕着辽阔的大自然，春天的时候，它漂浮在淹没稻子的水田里；夏天悬在青绿的稻苗上；秋天遨游在一片金色海洋中；到了冬天，它将矗立在晶莹的白雪之中。

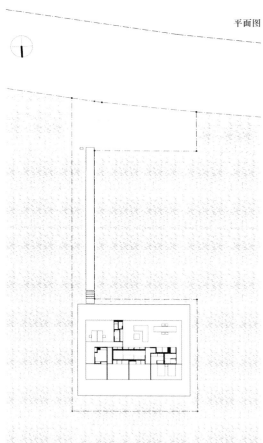

平面图

剖面图

Flag & Pole

旌旗住宅

建筑设计
Ryuichi Ashizawa
Architects & associates

地点
东京

完成时间
2016

建筑面积
49.16 平方米

摄影
Kaori Ichikawa

旌旗住宅是一栋独户住宅，同时也是一家诊所。该房屋周边的建筑用地很像旗子和旗杆组成的形状，所有建筑住房均在"旗子"一侧，"旗杆"一侧为入口和车库，没有空余的地方可以当作花园。为了与周边环境相协调，设计师试图发挥该地点的最大潜力，打造一个富有个性的住宅。

设计师通过研究这个位置的建房限制和所需要的室内空间、周围环境的光照和风向，最终制订出一个把"旗子"和"旗杆"很好地结合在一起的设计方案。"旗子"的一侧是一座三层楼房，而建筑南面有限的空地被打造成一个小花园，这个想法是受到"花园城市"概念的启发。因为建筑的外形不规则，所以所有楼层里的人员所聚集的位置都能获得良好的光照和通风。

诊所位于建筑的一楼，其余的两层则用来当作家庭的居住空间。二楼的起居室、餐厅和厨房空间与位于停车区上方的露台相连，从露台可以观赏到外面绿色的风景。

方形布局 最终布局

风流分析图

受阻的风流

通畅的风流

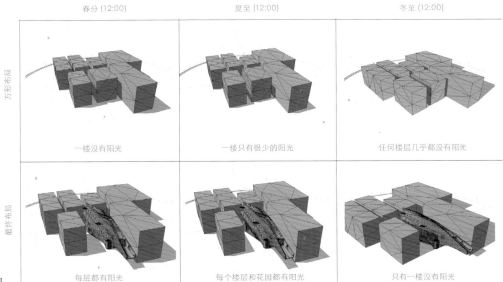

	春分 (12:00)	夏至 (12:00)	冬至 (12:00)
方形布局	一楼没有阳光	一楼只有很少的阳光	任何楼层几乎都没有阳光
最终布局	每层都有阳光	每个楼层和花园都有阳光	只有一楼没有阳光

光照分析图

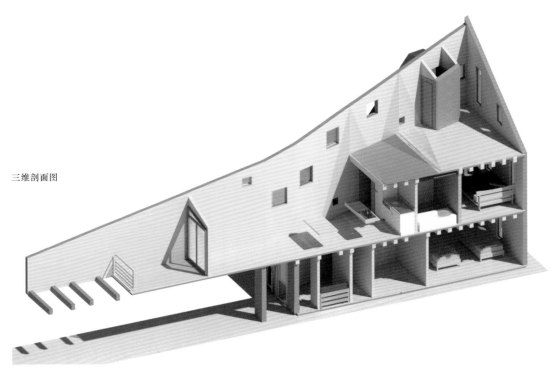

三维剖面图

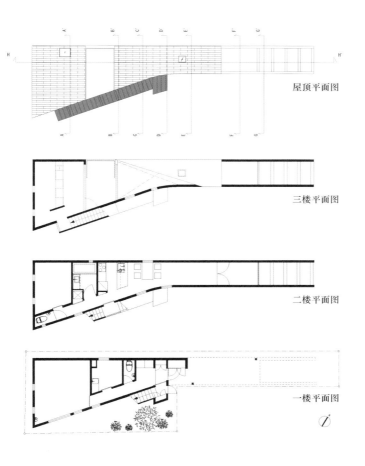

屋顶平面图

三楼 平面图

二楼 平面图

一楼 平面图

Folding Roof House

折叠顶住宅

建筑设计
Ashida Architect & Associates

地点
东京, 涩谷

完成时间
2016

建筑面积
84.79 平方米

摄影
Satoshi Shigeta

这个建筑地点周围景色优美，因此建筑师为其设计了巨大的窗户和露台，希望这栋住宅建筑可以映现出街边的美景。为了确保在有限的建筑面积内获得最大的使用面积，这座建筑占据了整块土地。这个地点位于一个角落，前面是一条宽阔的马路。虽然调整后的相关规定并不十分严格，但是屋顶的遮蔽物也算作建筑物的高度，所以要小心避免违反规定的情况。设计者在两个参数的限制下，仔细研究了屋顶的形状: 如果只考虑到屋顶体积需要满足规章制度，屋顶的露台就会显得比较呆板，不适合顶层空间的美丽景色。因此，设计师采用了悬臂的形式，使它看上去像从地板上跳起来似的，屋顶板采用折叠结构，使其变成美丽风景的延伸。采取这种设计既满足了规定的要求，又使屋顶的形状变得个性十足。

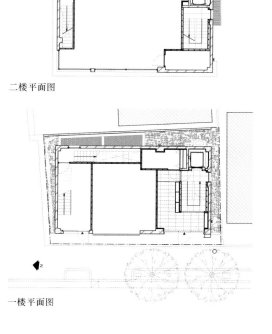

二楼 平面图

一楼 平面图

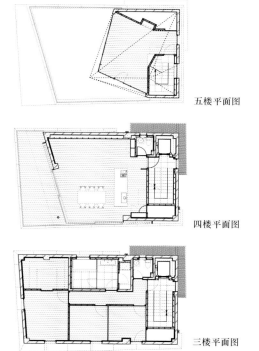

五楼 平面图

四楼 平面图

三楼 平面图

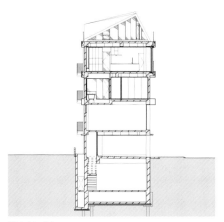

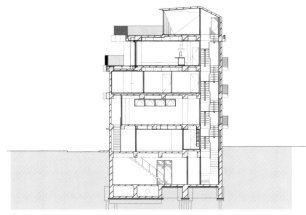

横向剖面图　　　　　　　　　　　　　　纵向剖面图

GO-BANG!
House

砰！住宅

建筑设计
Takeru Shoji

地点
新泻, 长冈

完成时间
2014

建筑面积
92.18 平方米

摄影
Isamu Murai

该建筑的一楼有四个房间：主卧室、步入式衣帽间、和室和一个备用房间，这些房间被组装成一个位于房屋中心的紧凑的核心生活区。核心区周围铺的是灰泥地板，这个区域承担了重要的通道功能，并对住户的活动空间起到了延伸的作用。

厨房和业主喜爱的椅子被安置于面积较小的阁楼里面，这个生活空间仿佛飘浮在外墙和屋顶封装的空间之中。外侧屋顶由三根钢架和落叶松胶合板组成的大悬墙支撑，壁厚与外墙相同，由此在房屋的角落形成了一个巨大的宽敞单间。落叶松胶合板这种材料的选择和精心安排的敞开设计，模糊了室内和室外的界线，使内外空间联系在一起。

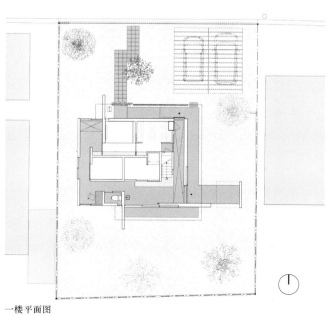

一楼平面图

二楼平面图

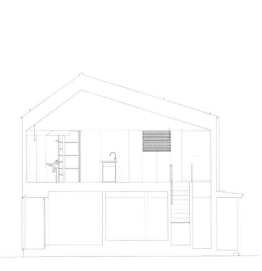

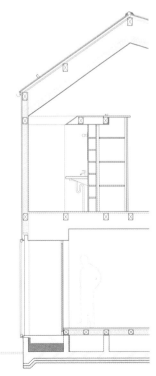

剖面图

Grigio

灰色住宅

建筑设计
Satoshi Kurosaki
(APOLLO Architects & Associates)

地点
世田谷

完成时间
2015

建筑面积
62.32 平方米

摄影
Masao Nishikawa

这座建筑的平面布局呈 L 形,角落有一个开放的庭院,里面充满了自然光线。从庭院射入的舒适光线也照亮了地下室空间。地下室有业主女儿的卧室,还有一个客厅,家人可以在这个像咖啡厅一样的客厅里休闲、放松。

一楼有主卧室和储藏室,还有可容纳两辆汽车的露天车库。二楼有一个正式的客厅,与餐厅、厨房相连,可以用来招待客人。除此之外,还有几间浴室。考虑到保护隐私的问题,所有房间的窗户都朝向庭院。从高窗和天窗射入室内的阳光可以在灰色的背景中产生细微的波动。这个生活空间犹如一座城市里的小型艺术博物馆,它也是一个系统,能展现自然、季节和人类共同创造的美感。

地下室平面图

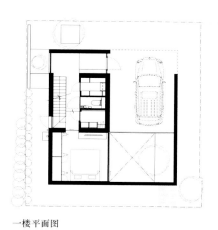

一楼 平面图

二楼 平面图

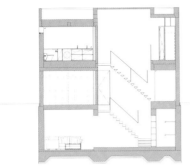

剖面图 1

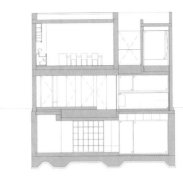

剖面图 2

剖面图 3

剖面图 4

Helix

螺旋住宅

建筑设计
Shotaro Suga

地点
大阪

完成时间
2015

建筑面积
358 平方米

摄影
Stirling Elmendorf

从池塘的东侧到西侧，整个建筑的楼体都被抬高了。楼梯从池边开始，环绕整个庭院，直达阁楼南侧的屋顶。一系列的长条形空间设计可以增加采光，加强空气流通，使室内空间更具开放性。通过这些设计，从客厅一转身就会发现天花板逐渐升高，整个空间逐渐变得明亮、开放。

设计师把周围的环境和组成建筑的各种元素与自然联系到一起，使整个建筑更加舒展。即使在住宅楼内部，设计师也把空间设计得有开放和跃动之感，使人仿佛置身于大自然之中。该建筑的结构不仅体现了稳定性，也彰显出自然亦是技术这一道理。

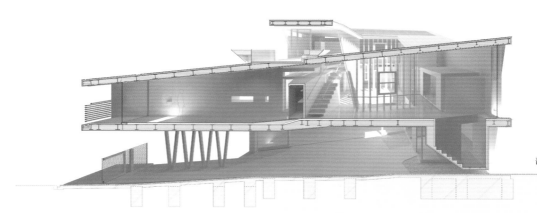

剖面图

Hex Tree
House

魔树住宅

建筑设计
Shotaro Suga

地点
奈良

完成时间
2015

建筑面积
143 平方米

摄影
Stirling Elmendorf

这栋住宅有一个多面体外形的三角屋顶。整个框架靠柱子和顶梁相互连接支撑，12 根不同坡度的柱子相互面对，最后集中在顶部，用钢压缩环把它们捆起来。

音乐室设在一楼的中心，起居室、餐厅和厨房围绕在其周围，整体看起来像一个竞技场式的音乐厅，灯光、微风和音乐弥漫在整个屋内。南侧有一个通向山边的开口，客厅有一个空位，阳光能从开口处照射进来。在二楼，每个单独的房间都围绕着中央大厅，大厅上面是顶灯，也是整个结构的中心。

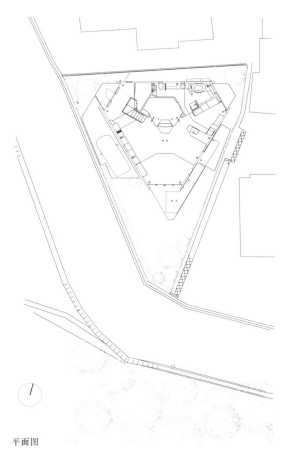

平面图

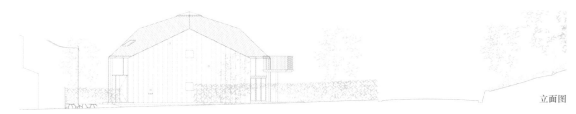

House in Aonashi

青梨住宅

建筑设计
Sunao Koase, Ryota Yamagishi
(SNARK), Shin Yokoo,
Kakeru Tsuruta (OUVI)

地点
前桥

完成时间
2017

建筑面积
78.73 平方米

摄影
Ippei Shinzawa

这个项目是一个双层住宅建筑,位于前桥市的郊外。这里有一条小河流过榛名山山脚,住宅区就分散在河流两侧,河流在田野和房屋之间穿行而过,风景十分优美。

建筑师的整体设计使住宅与周围的环境和谐共存。整座建筑是狭长的,沿河有三处转折。屋顶的脊线连接起每一处转折的顶点,以此调整建筑整体的规模,并与近处的河流、中间的树木和远处的群山相呼应。

这种设计在室外创造出一个花园,并使之不受阳光和北风的影响,却不与周围的环境隔绝开来。在室内,入口、厨房、起居室排成了一条直线,这些区域被不同角度的屋顶松散地分隔开来。

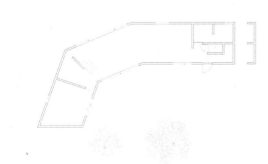

一楼 平面图

二楼 平面图

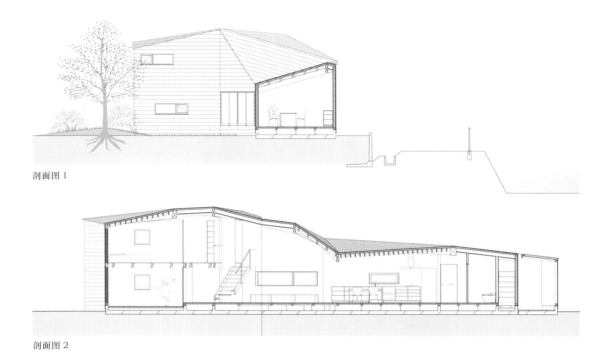

剖面图 1

剖面图 2

House in
Horikiri

堀切住宅

建筑设计
Masayoshi Takahashi, Sayoko Harada
(High Land Design)

地点
东京，葛饰

完成时间
2014

建筑面积
110.55 平方米

摄影
Atsushi Ishida

这是一个有 40 年房龄的老房翻修项目，房主是一家理发店的老板。设计师的计划是在一楼、二楼各布置一间客厅，改变原来卧室和洗手间在一楼、客厅和餐厅在二楼的布局。

设计师对楼梯的位置进行了仔细考察，尽可能地充分利用二楼的客厅和餐厅。客厅上方安装了天窗，使室内自然采光充沛。走廊的屋顶全为玻璃制成，使光线能够照射进来，过去最黑暗的地方，现在则成了最明亮的空间。

二楼 平面图

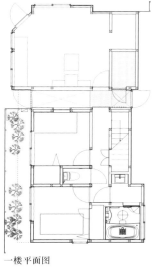

一楼 平面图

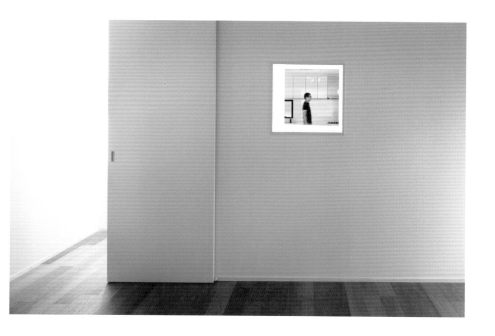

House in Hoshigaoka

星丘住宅

建筑设计
Shogo Aratani Architect & Associates

地点
大阪，枚方

完成时间
2016

建筑面积
70.22 平方米

摄影
Shigeo Ogawa

该项目是为三位成年住户——一对年长的夫妻和他们的孩子——提供的一个小型住宅。一层和二层的空间位置稍微错开，彼此相互抵着，一个四坡屋顶像一把雨伞一样位于其上方。由楼层空间的位移而产生的间隙被转化为敞开式天花板和高侧采光窗等设计元素，楼面的上层和下层的空间位置是经过仔细协调的，以适应这些设计元素的尺寸。屋檐的深度也经过精心设计，以便可以最大限度地利用透过高侧窗射入室内的阳光。

项目一层是家庭聚会和供父母使用的空间，二层则是孩子的空间，因此用户的生活方式是以上下两层来进行区分的。敞开的天花板将上下两层连接起来，使每个家庭成员都能感知到其他人的存在，这也便于将来照顾父母。

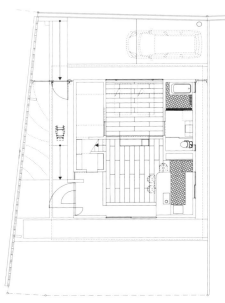

一楼 平面图

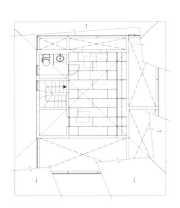

二楼 平面图

剖面图 1

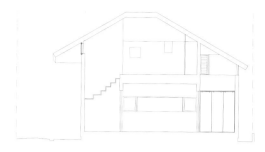

剖面图 2

剖面图 3

House in Kichijoji

吉祥寺住宅

建筑设计
Masayoshi Takahashi, Sayoko Harada
(High Land Design)

地点
东京, 武藏野

完成时间
2014

建筑面积
78.66 平方米

摄影
Atsushi Ishida

建造
Style Labo

这栋建筑为一个旧房改造项目，借由保留原有住宅的熟悉感，创造一个人们在此长久居住的氛围。

这栋建筑原本在一楼有客厅和厨房，以及放置乐器的空间，男主人的工作室和主卧室位于二楼。然而，由于已经进行过若干次翻新，空间的布局变得有些杂乱。在进行这次改造时，业主提出的一个要求便是设计尽量简洁，并把一楼和二楼的功能区进行调换，把客厅、餐厅和厨房搬到二楼，且空间尽可能宽敞、开放。

因此，设计师改变了楼梯的位置，通过把楼梯的位置变低而加大二楼的楼层高度，还将楼梯和光线结合起来，给人一种开放的感觉。

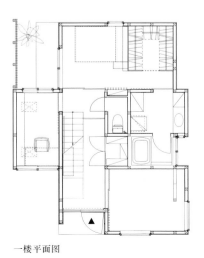

一楼 平面图 　　　　　二楼 平面图

House in Kozenji

小善地住宅

建筑设计
Takanobu Kishimoto

地点
大阪，枚方

完成时间
2014

建筑面积
64.5 平方米

摄影
Eiji Tomita

该项目的基本目标是利用建筑地点的自然斜坡，并且使人在进去的一瞬间就放松下来。楼梯入口处的斜坡比建筑物其他部分的斜坡角度更大，因此，设计师增加了道路和建筑之间的墙面高度，使之适应斜坡的角度。由于这个斜坡的存在，三层楼的高度也不同。建筑师尽量减少对空间的划分，使之成为一个较大的房间，根据高度和空间的不同，赋予其不同的功能属性。在建筑最高的地方，家人可以聚集在一起，以不同的方式同时利用这个房间。

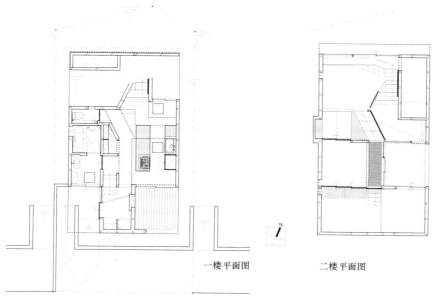

一楼平面图　　　　二楼平面图

N

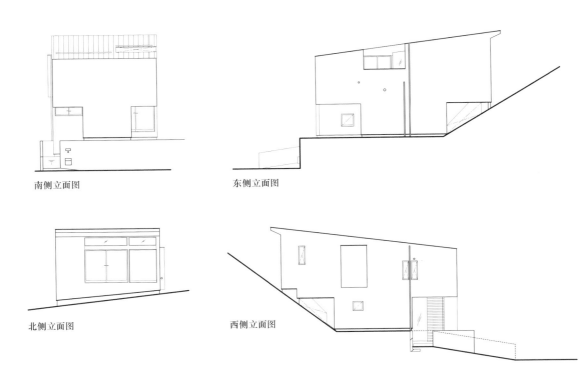

南侧立面图

东侧立面图

北侧立面图

西侧立面图

House
in Kyoto
Nishijin

京都西阵织别墅

建筑设计
Masato Sekiya

地点
京都
完成时间
2014
建筑面积
99.68 平方米
摄影
Akira Kita

这是一栋拥有五个庭院花园的住宅，其中一个位于房子后侧。房屋一层整体分为三部分：西侧区域紧邻街道，门口设有门铃，衣帽间位于一层，楼上是子女卧房；中心区域是起居室——为增强空间感和光照，设计师把起居室的天花板设计得很高；另外一块区域则包含了厨房、餐厅、浴室和洗衣房。二层是主人的卧房。

位于一楼的三块区域都在相同位置装有推拉门，将所有门都拉开后，从门口到庭院，再到起居室，一直到房屋最里面，整个建筑结构是贯通的，在视觉上一览无余。房间里的悬挂式储物柜外层覆盖了石膏，能够最大限度地反射日光和从二层投映下来的灯光，以此解决了一层的采光和照明问题。前门入口和街道之间建有一条长长的格子状鹅卵石小路，整个建筑充满浓郁的京都风情，同时在一定程度上也提升了安全性。

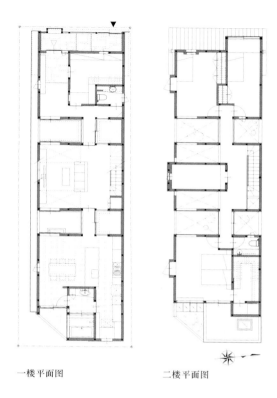

一楼 平面图   二楼 平面图

House in Nishino

西西野住宅

建筑设计
Yoshichika Takagi

地点
北海道, 札幌

完成时间
2015

建筑面积
106.22 平方米

摄影
Yuta Ooseto

这栋建筑位于札幌市中心附近山坡上的一处住宅区中, 其地基是一块不规则的三角形, 有一定的坡度, 高差约为 4 米。先前在推倒过于繁茂的树木并测量面积时, 设计师发现有一处较为平坦的土地, 但面积很小, 而且呈锋利的三角形。在斜坡上打地基所需的成本很高, 因此设计师想尽可能缩小地基的挖掘面积。为了有足够的空间, 设计师决定构建二楼, 另建一个单独的楼房, 并在中心位置搭建一个露台。二楼墙壁倾斜, 使房间内有充足的空间, 也令人感觉它比实际尺寸更大。露台是封闭的, 既是一个内部空间, 也是一个外部空间。

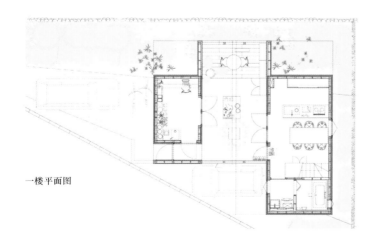

一楼 平面图

二楼 平面图

House in Sukumo

宿毛市住宅

建筑设计
Takanobu Kishimoto

地点
宿毛

完成时间
2017

建筑面积
75.35 平方米

摄影
Eiji Tomita

这座建筑的一楼和户外空间一样，人们可以轻松地进入，而二楼则是私人空间。每层的两边都有一个大小相同的房间，为了应对业主的各种需求，以及未来业主可能改变需求的情况，设计师没有限制这些房间的具体功能。

由于开放式空间不利于应对风雨等特殊天气，而封闭式空间又不利于通风，所以设计师在屋顶上开了一个方形的开口。经过建筑物的风因烟囱效应的原理，被引入建筑之中，并穿过建筑物的上半部分。墙壁和屋顶一样，也有通风口，可以调节气流的流向。

建筑物的一层连接户外空间，地板选取天然石材作为装修材料。二楼为私人空间，以雪松木作为地板材料，为房间带来温暖的感觉。通过在一楼、二楼使用不同的装修材料，给日常生活带来一些变化。

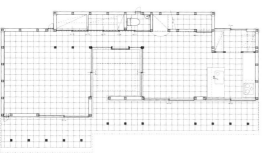

一楼平面图

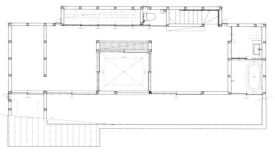

二楼平面图

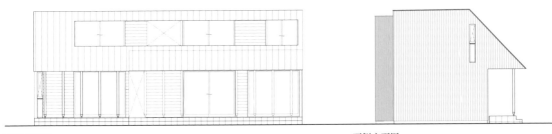

南侧立面图

西侧立面图

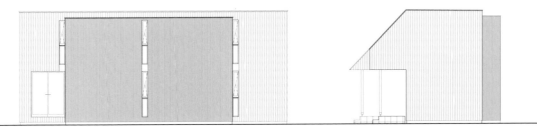

北侧立面图

东侧立面图

House in Wakabayashi

若林住宅

建筑设计
Hiroto Suzuki Architects and Associates

地点
宫城

完成时间
2017

建筑面积
86.85 平方米

摄影
Studio Monorisu

这座私人住宅位于仙台市人口密集的住宅区，这里重建的老房零星分布，新老住宅混杂，住宅与住宅比肩而立，邻里之间只有一墙之隔。

因此，设计师便在私人空间与公共空间之间架设纽带，使邻里间的交往更加便捷。为了创造足够的空间，设计师计划修建一座三层住宅，户外空间规划为车库（能够容纳两辆汽车）和花园。为了创造能容纳多人聚集在一起的空间，设计师将客厅、餐厅和厨房布置在二楼，作为家庭成员与客人的公共空间。通过位于户外的楼梯和露台可以直达这里，间接与社区建立联系。

建筑的一侧使用水平和垂直的栅栏包裹，以此与前方的道路进行分隔。设计师把栅栏围成的屋顶设计成 45 度倾斜的样式，使建筑内部的视野不会被其阻隔，阳光也可以照射进来。

一楼平面图

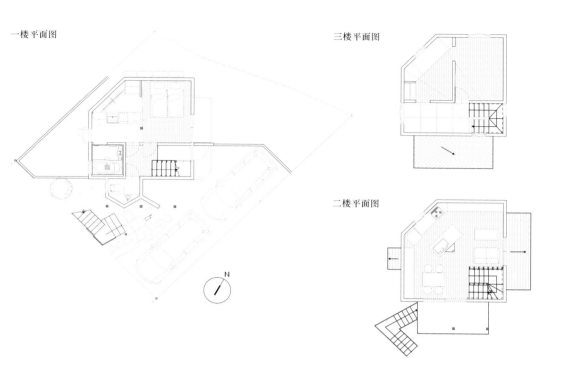

三楼平面图

二楼平面图

N

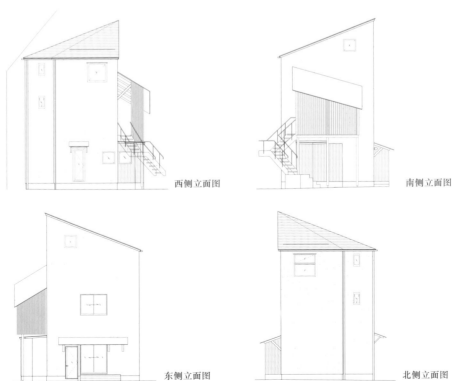

西侧立面图

南侧立面图

东侧立面图

北侧立面图

House M

M 住宅

建筑设计
Asai Architects

地点
横滨

完成时间
2016

建筑面积
40 平方米

摄影
Asai Architects

这座木制二层民居位于横滨市的一个住宅区中。该建筑的柱子是用日本柏木制作而成的，横梁是松木的，二楼采用了 J 板。J 板是由日本柳杉制成的层压材料，用于建筑和家具制作。除了上述建筑材料，这座住宅还使用了其他多种实木。一楼的地板采用的是日本红松木和日本椴木等温带木材；而二楼则采用了结构胶合板、甘巴豆等强度更高的木材。

就平面布局而言，一楼的不同位置设有拉门，形成一个无障碍布局。这样，根据业主的不同需求，整个空间可以被划为一个整体或一个个分隔的空间。裸露梁木的二楼则被划分为几个单间。阁楼下面的区域可建步入式衣帽间或浴室。

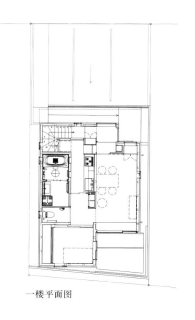

一楼平面图

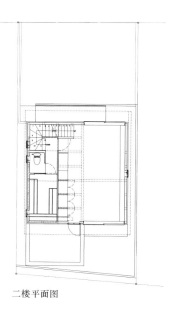

二楼平面图

House in Suwamachi

宫城住宅

建筑设计
Kazuya Saito Architects

地点
宫城

完成时间
2016

建筑面积
108.05 平方米

摄影
Yasuhiro Takagi

这里的环境较为嘈杂，因此设计师在这个项目中主要致力于创造出一个舒适的居住环境。入口处的门厅天花板较高，可以当作一个缓冲空间，控制来自外界的光线、风和噪声。整座建筑是跃层式结构，分为一楼的主卧室和厨房、起居室、餐厅，以及二楼的卫生间、次卧和阁楼。室内由白色的墙壁和木制的框架构成，房间由隔板进行区分，其中的空间是互通而延伸的。每一个房间都能通过一个缓冲地带与其他房间相连，这种设计使居住空间极富空间感和深度，同时也确保了自身的独立性。

二楼平面图

一楼平面图

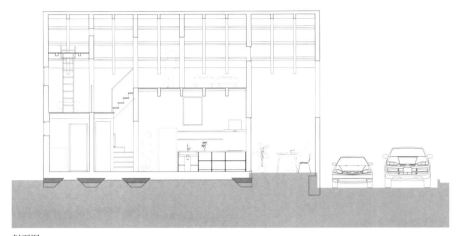

剖面图

House with a Square Roof

方顶住宅

建筑设计
Katsutoshi Naoi, Noriko Naoi
(Naoi Architecture & Design Office)

地点
山形

完成时间
2014

建筑面积
264.45 平方米

摄影
Hiroshi Ueda

客户要求为其打造一个能让冬天的室内生活更有趣的家，因此设计师构想了错层和动态线条的设计，使内部各个空间相互连接起来。这种不受拘束的自由设计令日常生活更加有趣，但同时也需要搭配相对严肃、庄重的外观，与周边历史悠久的街景和谐共存。

为了融入街道景观，它有一个简单的金字塔形四坡屋顶，房屋的一部分位于地下，地面以上的层高是 1.5 米，整个屋子采用跃层的结构。屋内庭院是具有象征意义的场所，用来与自然互动或观察四季变化。柴火炉是这个开放式互动空间的主要供暖设备。该设计并不仅仅是鼓励住户在室内"冬眠"，簇拥在火炉周围，还强调了一种温暖的生活方式——这种生活方式的存在正是因为这里的冬天太过寒冷。春天的乐趣则来自花园里植物生长带来的一抹绿色。

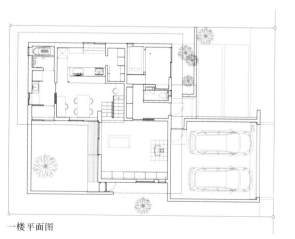

一楼 平面图

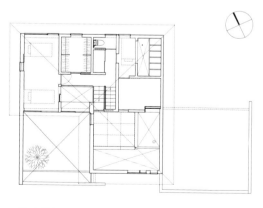

二楼 平面图

Kokonoma
House

床间住宅

建筑设计
Takanobu Kishimoto

地点
京都，舞鹤

完成时间
2014

建筑面积
93.57 平方米

摄影
Eiji Tomita

建筑用地位于京都府舞鹤市，此地靠海，日照较少。客户想要一个能够感受到阳光的明亮温暖的家，设计师们就将面积定位成 5.4 米 ×5.4 米，这种面积的正方形空间能让日本人感到很舒服。在正方形的面积中截取一个 S 形作为房屋，S 形之外的部分作为中庭式的外部空间，这样一来，阳光就可以从南面照射进来。四个 2.7 米 ×2.7 米的格子空间拼在一起就组成了这个正方形空间。客户在生活中可以感受到房屋内部和外部的交互感。从南到北的屋顶斜面自然而然地接收南面的阳光照射，立体地连接空间，使其成为一个能让客户自由利用和组合空间的明亮而舒适的房子。

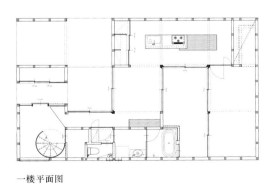

一楼平面图

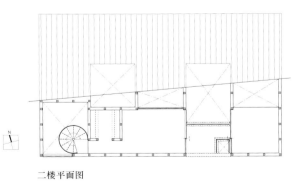

二楼平面图

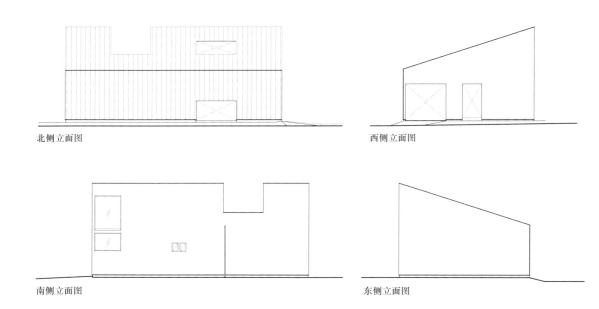

北侧立面图

西侧立面图

南侧立面图

东侧立面图

Lakeside House

湖畔住宅

建筑设计
Shinichi Ogawa & Associates

地点
山梨

完成时间
2015

建筑面积
177.9 平方米

摄影
Shinichi Ogawa & Associates,
Toshiyuki Yano

这栋建筑所处的位置正对着湖面，风吹过湖面，波光粼粼，景色非常迷人。建筑附近生长着大榉树和日本枫树。

建筑的侧面与湖面平行，以便从所有房间里都能看到湖泊的全景。室内以白色为基调，原因很简单，为的是打造一个没有任何装饰性元素的中性空间，使其与自然对话。室内空间充满了外面投射进来的光线和色彩，每时每刻都处在变化之中。

人们能够在这栋建筑中充分感受各个季节里大自然的变化。清晨，整个房屋将充满温暖的阳光，傍晚又将被打上日落的色彩，使室内映照出湖面上闪烁的波光。

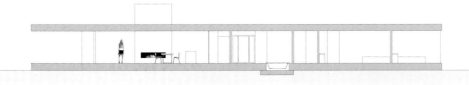

剖面图

平面图

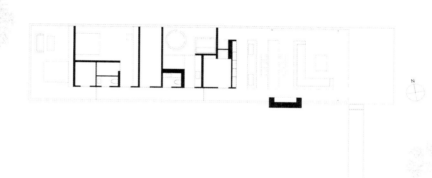

Light Well
House

光井住宅

建筑设计
KINO architects (Masahiro Kinoshita)

地点
东京
完成时间
2015
建筑面积
47.55 平方米
摄影
Kai Nakamura

这是一栋为一对年轻夫妇和他们的孩子而建的住宅。在高密度的住宅区中，这栋住宅可以很好地保护隐私，同时也提供了足够的光照和开放性。这栋住宅中有一个与露台和楼梯并排的光井，光井向下敞开，制造出垂直方向上的视觉连续。这个巨大的空间为内部与外部创造出一个缓冲区域，并把光照和通风引到住户的内部空间之中。设计师设计这个光井的目的是在不开太多窗户的情况下，把建筑物的内外部紧密地联系起来。

一楼平面图

二楼平面图

三楼平面图

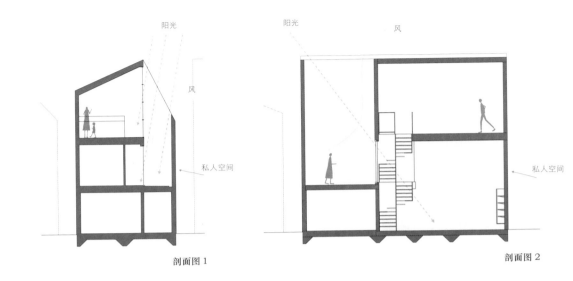

剖面图 1   剖面图 2

Link

链接住宅

建筑设计
studio LOOP

地点
群马

完成时间
2014

建筑面积
47.97 平方米

摄影
Kai Nakamura

该项目的目标是尽可能地减少施工，让父母与子女得以相邻而居，各自有舒适的生活空间的同时还能相互照顾。设计师希望打造出一个能够适应环境、减少土地购买预算且能为未来生活预留房间的高规格住宅。

房屋内壁采用高吸湿性瓷砖。渐变窗帘将自然光反射到具有高反射率表层的天花板上，使得房屋中央部分的采光充足，同时减轻了视觉上的压迫感。未来的儿童房将会在必要的时候通过改造未使用的家长住房来实现。根据当地的生活方式，设计不仅要充分利用现有资源来节约成本，保护自然环境，还要创造儿童与祖父母共同相处的环境。

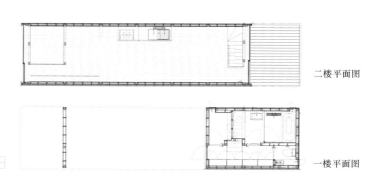

二楼 平面图

一楼 平面图

M House

樱町住宅

建筑设计
Masayoshi Takahashi, Sayoko Harada
(High Land Design)

地点
东京, 小金井

完成时间
2015

建筑面积
108.14 平方米

摄影
Atsushi Ishida

设计师把私人空间, 比如卧室等安排在一楼, 把客厅、餐厅、厨房尽可能设计成一个开放的空间, 并布局在二楼。设计师通过提高客厅、餐厅、厨房这一空间的楼层高度, 架设了一个阁楼, 充当储物间。这样做还增加了整个住宅开放的感觉, 同时也确保了各个房间必要的功能性。

厨房位于二楼北侧。户外的景色从巨大的窗户跃入室内, 墙上装饰的黑色瓷砖则起到突出厨房空间的作用, 这是这个房间的主要特点。厨房工作台的表层材料选用了橡木; 操作台面优先考虑功能性, 因而选择了不锈钢材质, 并为了与橡木工作台搭配而选择了薄板, 其整体也与整个房间和谐匹配。厨房的储物功能很好地将可以展示的物品和不可以展示的物品区分开来, 业主在厨房也可以尽情地享受烹调的乐趣或在此进餐。

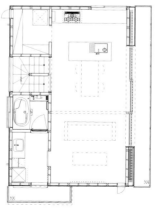

二楼平面图

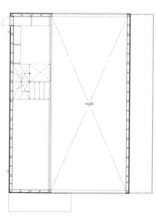

阁楼平面图

m Terrace

阳台住宅

建筑设计
Komada Takeshi, Komada Yuka
(Komada Architects Office)

地点
东京

完成时间
2017

建筑面积
72.56 平方米

摄影
Noboru Inoue

这个项目位于东京一条复杂繁忙的街道的死胡同内。设计师计划在这个小小的凸出的地方修建一座花园。这里原先的木制公寓建筑看上去有些遮挡视线，与之相比，新建筑为这个社区创造了更加优美的景观。设计师在花园中栽种了多种武藏野森林植被的树木，与西面邻近住宅的植物相连。建筑的外围还有一个居住者可以自由使用的迷你蔬菜花园。被三角屋顶覆盖的是居住的核心空间，这里是居住者进行各种生活行为的地方。该建筑展示了该地区支持人与自然、人与环境和谐共处的理念。

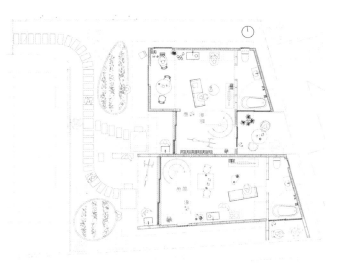

一楼平面图

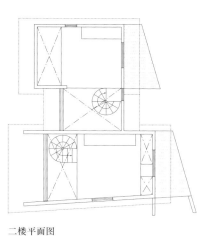

二楼平面图

剖面图 1

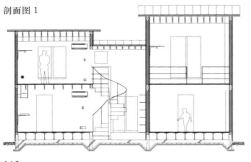

剖面图 2

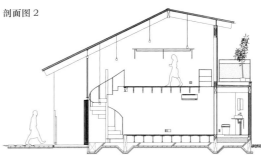

M10-house

M10 住宅

建筑设计
Masahiko Sato

地点
九州

完成时间
2016

建筑面积
82.36 平方米

摄影
Ikuma Satoshi

天井位于这座建筑的中心位置，不同高度、不同材料的两个空间被 L 形的屋檐元素调和为一体，创造出一个现代而简洁的外观。红衫木外墙前面不同高度的混凝土柱子使建筑物产生尖锐却温暖的气氛，给人留下了深刻印象。

进入门厅，一段飘浮的楼梯设计吸引了人们的眼球。人们通过窗户可以看到植被，这些植被与安装在楼梯下的间接照明设施营造了空间的整体氛围。二楼的间接照明被设计为从天花板向下延伸直至地板，再加上厨房里安装的间接照明设施，创造出一个简洁而现代的空间。与客厅相连的阳台在面对主路的一侧没有敞开，这种设计有利于保护居住者的隐私，为他们提供一个可以轻松居住的、有安全感的生活空间。

一楼 平面图

二楼 平面图

立面图 1

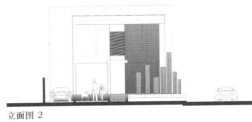

立面图 2

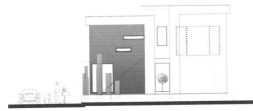

立面图 3

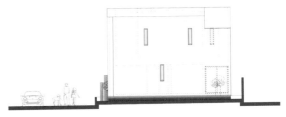

立面图 4

Minimalist House

极简住宅

建筑设计
Shinichi Ogawa & Associates

地点
冲绳

完成时间
2009

建筑面积
102.22 平方米

摄影
Shinichi Ogawa & Associates,
Shigeo Ogawa

这个空间的特点是把房子用类似墙壁的装置划分成两个区域。其中一个区域是由起居室、餐厅和卧室组成的一个平行的、衔接外部庭院的内部空间,另一个紧挨着的区域则由厨房、化妆室和书房组成。淋浴房、卫生间、小庭院和各种储藏室都被安排在这个墙壁形的装置里。这些空间结合在一起便创造了一种将空间分隔最低化的生活方式。

考虑到冲绳的气候和自然光线,设计师在与外部连接处设计了屋檐,用来控制房屋内的直射阳光。外墙采用光触媒涂料以便于维修。

包含了厨房、化妆室和书房功能的柜组,其表面由“杜邦可丽耐”制成。这个住宅所倡导的是极简和灵活多变的生活方式。

平面图

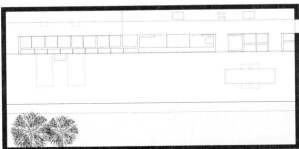

Motoyawata

本八幡公寓

建筑设计
SNARK, OUVI

地点
市川

完成时间
2017

建筑面积
53.8 平方米

摄影
Ippei Shinzawa

该建筑位于一片住宅区内，周围房屋环绕。为了增强室内空气流通和采光，设计师在房屋中间搭建了一条柱廊，高处的光透过柱廊照射下来，使房间更为明亮。为了方便迎接来访客人，设计师在入口到房屋之间搭建了一个连接的部分。房屋外观与周围环境相呼应，车库房顶的形状也随着梯度进行变化。在古旧的老房子基础上，设计师利用屋顶形状的变化造就了新式建筑，同时也提高了室内的舒适性，让房屋更能适应现代的生活节奏。通往屋顶的台阶为整个空间增强了空气流通性，同时也保证了采光效果。在有限空间的前提下，设计者尽量缩小卧室面积，从而为餐厅、起居室和办公区腾出更多的利用空间。这样的设计让居住者能在开阔的空间内和友人尽情交流，也能在小巧的空间内享受高度的私密性。

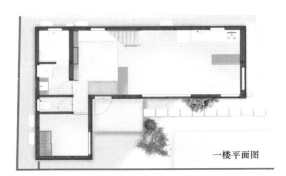

一楼平面图

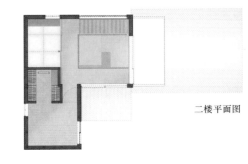

二楼平面图

MoyaMoya

母家住宅

建筑设计
Fumihiko Sano

地点
东京

完成时间
2014

建筑面积
82.81 平方米

摄影
Daisuke Shimokawa

该建筑用地是一个巨大的正方形,且南北向有所倾斜。因此,设计师把私人空间布局在北侧,以获得更好的视野。一间敞篷的工作室与厨房相连——如果屋主想要举办一场盛大的舞会,就可以在这里举办。考虑到屋主逐渐上了年纪,为了方便其在建筑内的活动,卧室、书房和其他基础设施均被布局在一楼。二楼还有几间卧室、一间起居室和一间和室。

设计师在这座建筑的外部建造了一层不锈钢的栅栏,使室内和室外的界线变得模糊,通过这种做法,建筑物内部的隐私也得到了保障。这层半透明的墙壁产生的波纹状图案,使身在建筑物之外的人们也会产生身处室内的感觉。风吹过的时候,这层不锈钢栅栏会因反射阳光而产生各种各样的图案。光线的角度和强度在上午、下午和晚上都不相同,它的变化不仅创造了花纹图案,也为整座建筑物带来了不同的变化。

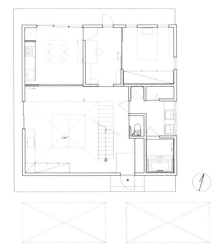

一楼 平面图

二楼 平面图

Nesting in the Circle

循环嵌套住宅

建筑设计
Kazuhiko Kishimoto

地点
逗子

完成时间
2015

建筑面积
156.03 平方米

摄影
Hiroshi Ueda

这栋住宅坐落于深谷之中。住宅两侧的树木生长得繁茂、紧密，因此设计师将客厅和餐厅布局在二楼，并将之设计成一个宽敞的开放空间，以此将户外的风景呈现到身处室内的居住者眼前。对于孩子们来说，容纳了旋转楼梯的圆柱体楼梯间旁的区域是他们的游戏空间，业主夫妇也可以坐在那里休闲放松。每个区域可以用窗帘来分隔，这样一个宽敞的房间就变成了几个小型的个人空间，每个人可以根据自己不同的需求来使用它们。

一楼平面图

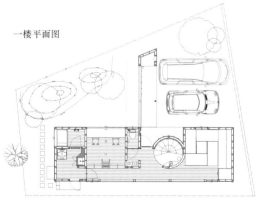

二楼平面图

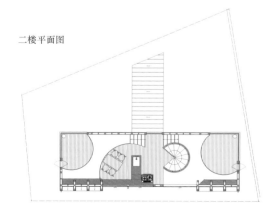

OKM 2014

OKM 住宅

建筑设计
Artechnic

地点
东京

完成时间
2014

建筑面积
233 平方米

摄影
Noboru Inoue

OKM 是一座位于东京的四层建筑，其用途是私人住宅及公寓住宅。一楼和二楼包括车库和三个公寓套间，三楼和四楼是业主自家的居住空间。建筑物南面的马路对面有一个口袋公园，业主希望这座新建筑的视野可以通向这个公园，同时通过在立面上创造三层钩形的外墙来限制来自街上行人的视线，以保护住在建筑内的人的隐私。

这些钩形外墙也勾勒出了内部空间的结构。建筑物的上半部分被分为两个空间，而开放的空间也是由钩形外墙限定的。这些外墙像一个百叶窗，不但阻断了街上行人的视线，同时也限制了居住在其中的人们的视野，使其只能看到口袋公园中的绿色景色。四楼东南角的大开口创造出一种类似摩天大楼的景象。钩形外墙中间部分的水平墙面可用作阳台板或扶手，越往下高度越大，以便更好地保护内部的私密空间。

二楼 平面图

四楼 平面图

一楼 平面图

三楼 平面图

N

南侧立面图

东侧立面图

北侧立面图

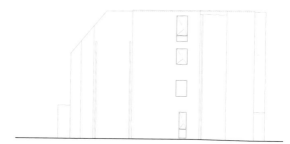
西侧立面图

Ouchi-36

乌奇住宅—36

建筑设计
Jun Ishikawa, Kiyo Turu

地点
东京

完成时间
2016

建筑面积
90 平方米

摄影
Shigeo Ogawa

这栋建筑中居住着三名家庭成员，一个父亲和两个女儿。建筑物的外观由黑色的三角形屋顶和白色的墙壁组成。业主要求建造出一个停车位，两个女儿的私人房间和他自己的私人房间。设计师将建筑物规划的形状裁剪为长方形，把停车位放在剩余的空间里，还将客厅安置于采光较好的二楼，并把两个女儿的房间布局在一楼。室内采用了白色和黑色两种颜色的墙壁。白色的墙壁具有反光功能，使室内光线明亮；相反，黑墙能够吸收光线——黑暗能让人更好地感受光明。该建筑的结构与其他许多建筑一样，采用的是日本木构建筑方法，因此，二楼的客厅内也加装了一个 X 形的木制承重框架，这种框架对抵抗地震和台风是十分必要的，同时也是设计的组成部分。

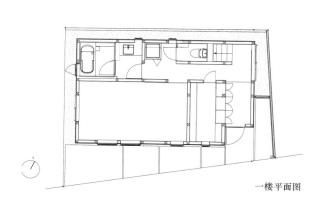

一楼平面图

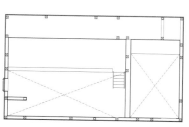

三楼 平面图

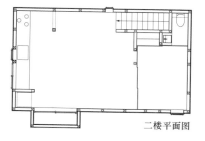

二楼 平面图

Ouchi-37

乌奇住宅—37

建筑设计
Jun Ishikawa, Naoko Ishikawa

地点
东京

完成时间
2016

建筑面积
86 平方米

摄影
Hiroshi Ueda

这座位于东京的住宅建筑，其外墙采用了"折纸"的设计概念。设计师根据日本折纸艺术的意象，创造出这个具有实验性质的设计。建筑的倾斜屋顶的山脊线和阳台仿佛折纸一样被聚拢起来。

在建筑的前方，有一座较大的庄园，为了欣赏该区域的景观，住宅开窗的位置是设计师经过深思熟虑的，既能获得很好的窗外风景，也能用窗外的围墙和较小的窗口尺寸保证室内的隐私，以应对未来可能出现的庄园树林变成住宅区的情况。主卧室和儿童房均布置在一楼，而创意工作室则位于二楼，二楼额外的空间被当作卫生间。

室内以白色的色调为主，随着不同时间的日光照射的变化，室内的色调也跟着发生改变。与此相似，建筑物的外观也以白色为主，辅以黑色的木板，产生一种日式老建筑的感觉。

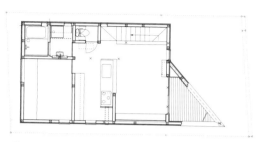

二楼 平面图

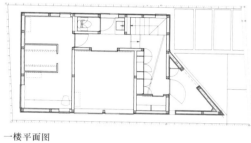

一楼 平面图

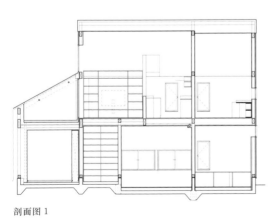

剖面图 1

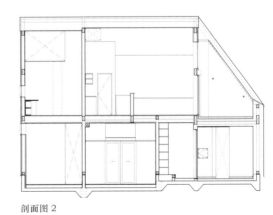

剖面图 2

Patio

天井住宅

建筑设计
Satoshi Kurosaki
(APOLLO Architects & Associates)

地点
神奈川, 川崎

完成时间
2015

建筑面积
67.01 平方米

摄影
Masao Nishikawa

用雪松木覆盖的深棕色墙板和二楼延伸到外面的一部分白色墙体形成鲜明的对比,提升了整座建筑外观设计上的感染力。

与封闭的外观形成对比的是一个充满自然光的通风天井,它坐落于室内空间的核心位置。这个天井形成的空间使靠近入口处的和式房间更具亲切感,而主卧室则与这间和式房间隔着天井相对而设。

生活空间的旁边安装了嵌墙式家具,为图书、碟片等物品提供了存储空间,巨大的滑动拉门将客厅和其他生活空间整合在一起。厨房和餐厅位于一个稍微抬高的位置,使餐厅和客厅相分离,使空间更富有戏剧性。

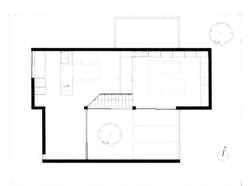

二楼 平面图

一楼 平面图

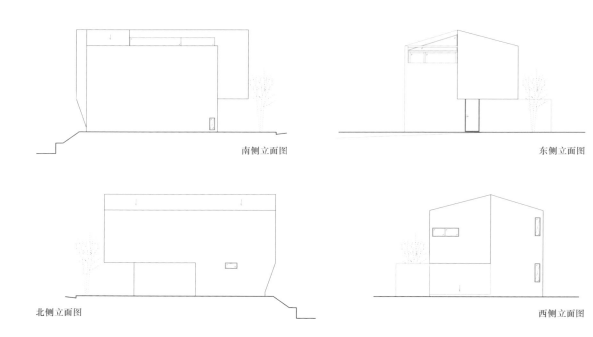

南侧立面图

东侧立面图

北侧立面图

西侧立面图

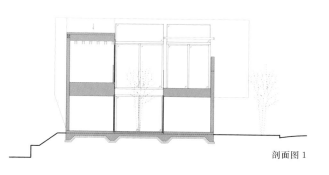

剖面图 1

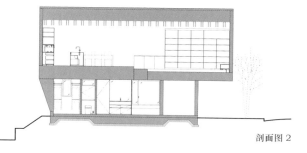

剖面图 2

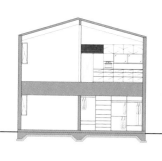

剖面图 3

Pergola

绿廊住宅

建筑设计
Satoshi Kurosaki
(APOLLO Architects & Associates)

地点
埼玉，川口

完成时间
2014

建筑面积
51.33 平方米

摄影
Masao Nishikawa

这栋建筑有一个简单的 L 形平面，设计师在中心处建造了一个有遮盖的庭院作为入口，以降低建筑成本，同时在空间上起到了连接内部和外部的作用。

主卧室紧挨着一楼的入口，是一个给人宁静之感的小房间。相反，儿童房是一个靠近入口庭院的开放空间，可以根据孩子的成长情况进行适当的调整和再分。充满艺术感的楼梯位于正门之前，通往二楼。二楼由一个没有隔板的开放空间构成。整个空间由这个美丽的橡木天花板进行了很好的界定。橡木延伸到户外，组成入口庭院上方的盖顶，整合了内部和外部空间。

一楼平面图

二楼平面图

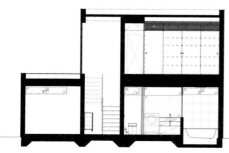

剖面图 1

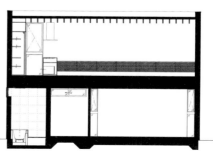

剖面图 2

Platform

站台住宅

建筑设计
Takanobu Kishimoto

地点
兵库, 高砂
完成时间
2014
建筑面积
86.77 平方米
摄影
Eiji Tomita

建筑用地位于兵库县高砂市, 在现场勘测中, 设计师发现在它旁边停放着一辆轻轨车。这辆轻轨车从客户小时候就一直放置在那里, 据说一直对外开放, 也成了人们小憩的场所。经过调查, 建筑师发现轻轨车里面贴着旧报纸的简报和人们写的感谢信, 从而了解到轻轨车对这个地区做出的杰出贡献。所以有人提议, 比起直接拆除轻轨车, 不如为了当地居民的美好回忆, 将其留存下来。因此他们就想把轻轨车旁边的房子建得像站台一样。为了配合轻轨车的地面高度, 设计师用基础混凝土建造了一个小平台作为悬台壁板, 也用作柴火放置处和通道, 这样就将房子和轻轨车联系在了一起。面向车辆的房屋北侧部分采用全开口设计, 这样能够保证充足的阳光。轻轨车站台, 貌似离日常生活很遥远, 但也作为一种新型居住形态与生活紧密地结合在一起。

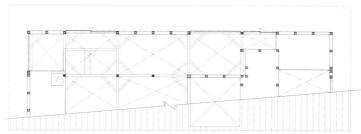

阁楼平面图

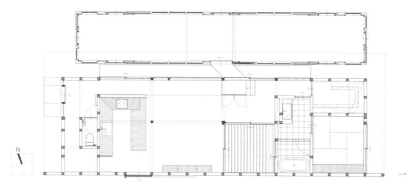

一楼平面图

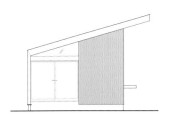

东侧立面图

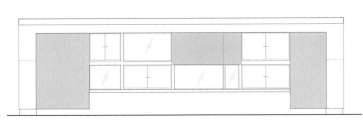

北侧立面图

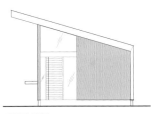

西侧立面图

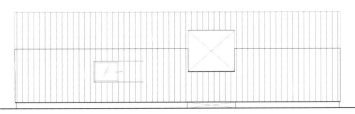

南侧立面图

Plug

群马住宅

建筑设计
studio LOOP

地点
群马
完成时间
2015
建筑面积
115.31 平方米
摄影
Kai Nakamura

该住宅位于日本群马，是为一个三口之家打造的建筑。住宅北侧是一条公路，东侧是邻居的房屋，西面和南面是耕地，景色迷人，设计师提议切掉住宅的三个转角，只保留东南角一处。这样的设计旨在减少建筑面积来降低施工成本，同时也令屋内各个角度的视野变得非常开阔。入口处采用混凝土地板，柔和的光线透过东北朝向的落地窗照亮了入口和楼梯间，业主的冲浪板就放在这个区域。起居、用餐和厨房的区域由北向西配置了略低于视平线的窗户，一眼望去也能看到绿色的耕地。

在南面，大视角窗户替代了带形窗，随后通向一个木质甲板，顶部被起居室延伸出来的天花板覆盖，整个甲板架在耕田之上。甲板东端与一楼的天花板相连，以保护浴室的隐私性。二楼的三个卧室围绕着一个宽阔的露台。

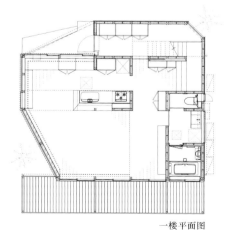

一楼平面图

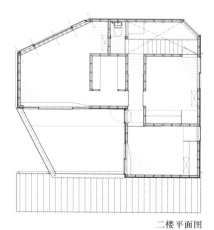

二楼平面图

Roof & Shelter

屋顶庇护所

建筑设计
Kazuhiko Kishimoto

地点
镰仓

完成时间
2015

建筑面积
79.13 平方米

摄影
Hiroshi Ueda

这所房子坐落在一个三角形区域，面对着一条美丽的人行道。天气好的时候，有许多人会在路上散步、远足。为了防止被路上的行人看到内部空间，设计师把地板架设得比一般的地板要高，再用宽阔的楼梯把两层楼连接起来。宽阔的楼梯与客厅相连，设计师将其设计为可以让家庭成员随时坐下的舒适场所。另一方面，与二楼开放的空间不同，一楼被设计成一个充满阴影的，仿佛小巷一般的空间。

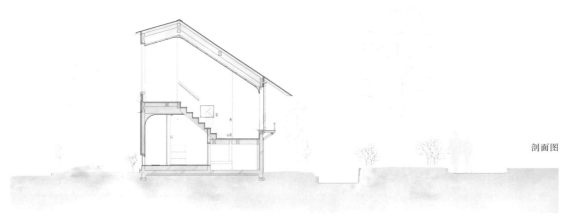

剖面图

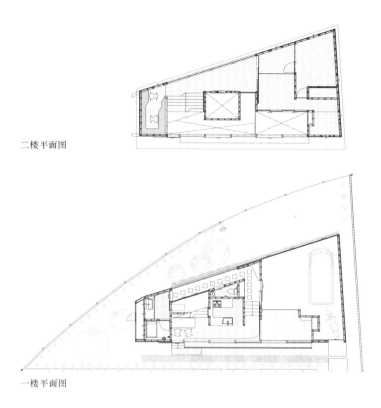

二楼平面图

一楼平面图

SANKAKU

三角住宅

建筑设计
Spatial Design Studio

地点
山梨

完成时间
2016

建筑面积
136.67 平方米

摄影
Kaoru Yamada

三角住宅是一座山居，位于八岳山海拔 1500 米的山顶。这座住宅的设计理念是简约、高效，与周围环境和谐共生。建筑的南面是斜坡，整体有 5.5 米的高差。通过利用这个高差，两个楼体既保护了居民隐私，又被山中的美景包围其中。

三角形的屋顶由层压木板制成，这些木板既是建筑物的结构，也是其表面装饰。稍大一些的楼体包含了主要设施，包括厨房和完整的卫生间。小房子可用作书房、客房或其他用途，其卫生间并不完整，只有一个马桶。每栋建筑基本上都只有一个房间，和通往浴室和卫生间的房门。然而，两个单独的建筑可以有多种用途。

造型简单的三角住宅可以让不同的人共享周围丰富的自然景观。在这样的环境中，人们能建立起丰富的人际关系，也能与自然建立联系。设计师认为这才是房子应有的最基本的功能。

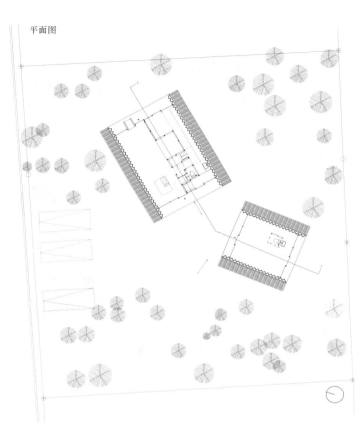

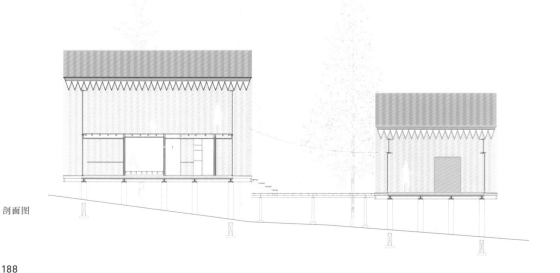

剖面图

Shift House

变形住宅

建筑设计
KINO architects (Masahiro Kinoshita)

地点
东京

完成时间
2015

建筑面积
43.16 平方米

摄影
Kai Nakamura

这种变形形态在室内创造出各种不同的区域，住户可以通过调整这些空出的区域，来适应家庭结构的变化。

建筑物巨大的屋顶沿着斜线被限制成了一个三角形。房屋立面的凹凸设计将整个建筑分成四个区域，以此在建筑物周围创造出一些缝隙空间。整座建筑并非通过墙壁或窗户将室内与室外连接到一起的，而是通过在建筑物周围创造出来的空间，以一定的距离与城市相连。内部空间被合理分割，人们能在这个有限的空间里，感觉到超过实际大小的宽度与深度。墙上的小窗户则为室内空间提供了足够的采光与通风。

此外，在保证三个楼层的体量相差不多的前提下，阁楼空间被预留出来，以备将来对更多空间的需求。这栋建筑秉持的理念是积极主动地面对未来，充分利用建筑物的潜力，避免将来可能发生的缺少空间的情况。

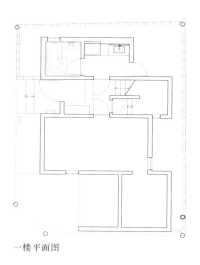

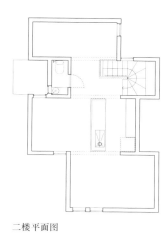

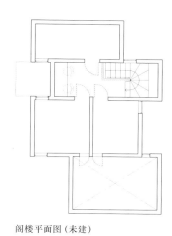

一楼 平面图   二楼 平面图   阁楼 平面图（未建）

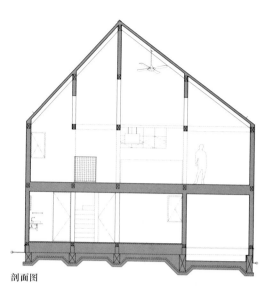

剖面图

Solid Cedar House

实心雪松屋

建筑设计
Shigeru Ban Architects

地点
山梨, 北斗
完成时间
2015
建筑面积
144.6 平方米
摄影
Hiroyuki Hirai

在这个项目中,"实心雪松屋"的概念是由设计师正在进行的研究延伸而来的。建筑师在该建筑中采用了密斯·凡·德·罗曾使用的混凝土和砖结构,把隔断墙作为内部空间与外部景观之间的连接。在这个项目中,坚实的雪松墙和石板(天花板及屋顶)在不同空间中分割出不同的视野。这些墙壁不仅构成了景观,而且在这个区域内,也可以将附近的房屋和道路阻隔在视线之外。

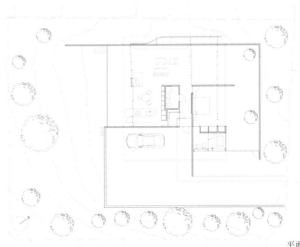

平面图

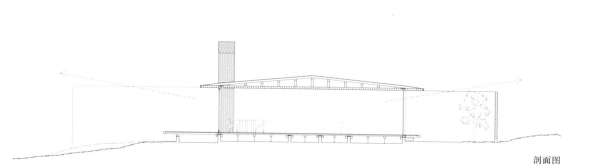

剖面图

SUBAKO

巢箱住宅

建筑设计
Takuya Tsuchida, Kano Hirano

地点
大田区

完成时间
2016

建筑面积
128.94 平方米

摄影
Ryoma Suzuki

由于与其他房屋相邻，这处住宅的东西面都是封闭的，不过设计师打通了南北两侧。为了有效利用阳光，设计师在住宅南侧留有开阔的视野，北面也做了同样的设计。屋外的墙体开口处建造了一个由墙壁环绕的露台，用来屏蔽南侧的路人视线，同时也能遮挡西北风。屋子里搭建了两个隔层，为业主提供足够的空间以存放一些用于工作和业余爱好的物品。隔层创造出更大的房屋面积，确保业主能够更舒适地开展日常活动。

由于房间之间的相互关系和朝向，整栋建筑无法完全对称。然而设计师通过打造对称的周边环境使得整个屋子呈现对称的外观。每个房间的功能虽有不同，但看似并无主次、优先之分，营造了良好的气氛。业主的个人物品在这里得到细心的保管，整个房子就像一个被包围在一片绿色之中的鸟巢。

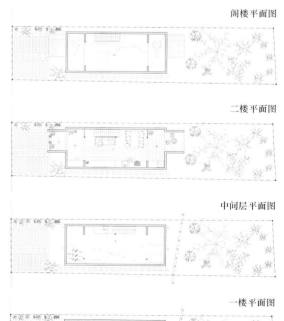

阁楼 平面图

二楼 平面图

中间层 平面图

一楼 平面图

199

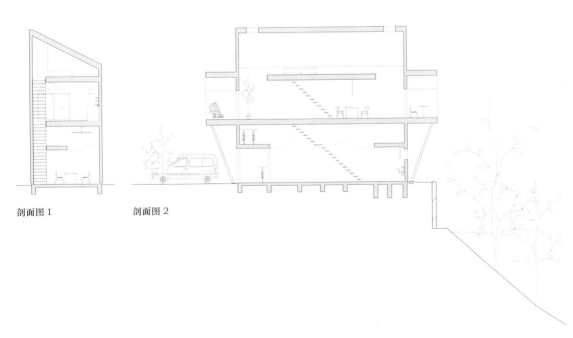

剖面图 1　　　剖面图 2

SUKIMA

隙间别墅

建筑设计
Takuya Tsuchida, Kano Hirano

地点
平冢

完成时间
2015

建筑面积
115.88 平方米

摄影
Shunichi Koyama

该项目适用于拥有双子女的家庭。建筑位于平冢住宅区内,周围紧邻一排新建住房。这栋住宅原本是个废弃项目,设计师利用周围的空闲土地改造出花园和停车位。住宅内部充分利用了由建筑间隙构成的空间,室内建造了两个木质的封闭盒装结构——"木盒"。"木盒"与屋角相夹所产生的公共区域可以当作客厅,空间足够宽敞,即使摆放自行车和多盆植物也不会显得逼仄。两个"木盒"可分别作为主卧和次卧,"木盒"下层的区域是就餐区。整体而言,房间里每一寸空间都被利用得恰如其分。整个建筑布局简洁而紧密。当观察者身处不同位置时,所看到、感觉到的房屋的宽度和高度会有不同的变化——整个房间看上去比实际面积要宽阔一些。

一楼 平面图

二楼 平面图

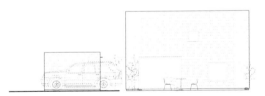

南侧立面图

西侧立面图

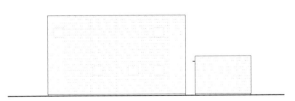

北侧立面图

东侧立面图

Sunomata

墨俣住宅

建筑设计
Keitaro Muto

地点
岐阜

完成时间
2014

建筑面积
186 平方米

摄影
Teruaki Yoshiike

该建筑南面是开放区域，而西面则被打造成了向稻田层层延展的形状，这样的设计对内部空间的布局起到了重要作用。针对日式花园的重建，大石块的位置没有改变，小石块则被无规则地铺放在花园里。这些分层的空间与花园形成互动，在花园和房屋之间创造了相应联系。

父母起居室—入口和浴室—书房和日光室—儿童起居室，这些空间依次排列，每个都与日式花园在视觉上或位置上有着不同的互动关系。这些空间互有重叠，一路通向远处的稻田。

二楼平面图

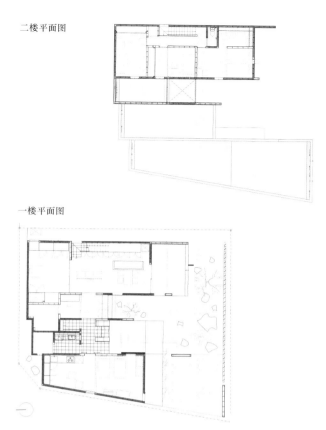

一楼平面图

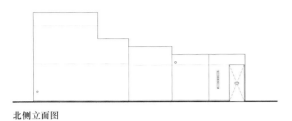

北侧立面图

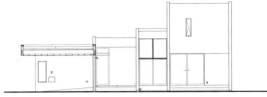

南侧立面图

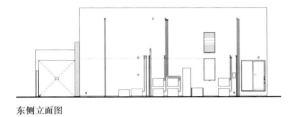

东侧立面图

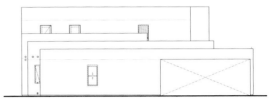

西侧立面图

Surrounded House

环状屋

建筑设计
Masahiro Miyake (y+M design office)

地点
大阪
完成时间
2016
建筑面积
134.09 平方米
摄影
Yohei Sasakura

该地点位于大阪枚方市的一个相对较大的住宅区内。这里许多房屋都有倾斜的屋顶，以及用混凝土砌成的围栏。建筑师认为在这样一个住宅区建造的新房屋应融入周围的环境当中。

客户是一个有五位成员的家庭，包括一对夫妇和三个孩子，他们希望在舒适的生活环境中享受健康的生活方式，而不是过多地依赖空调。

由于场地拥挤，考虑到采光和通风，房屋被建造成所谓的庭院类型，从而增强隐私性。此外，通过调整被分成几个部分的屋顶的高度、坡度和方向，确保了房屋的采光、湿度和隐私性。由于仅用几个必要的承重墙来支撑屋顶，所以设计师利用混凝土围栏来将整个空间包围起来，并以此连接内外空间。混凝土墙体既能作为场地边界线、隔墙，起到遮挡和加固的作用，也能阻挡来自北侧停车场的噪声。

每个房间都有一个小花园，周围环绕着混凝土墙。花园在确保庭院露台通风的同时，还能营造出明亮和自由的感觉，同时保护住户隐私。

二楼 平面图

一楼 平面图

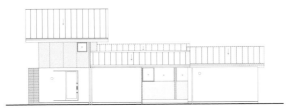

南侧立面图

东侧立面图

北侧立面图

西侧立面图

The House in Furuedai

古江台公寓

建筑设计
Masato Sekiya

地点
吹田

完成时间
2015

建筑面积
90.89 平方米

摄影
Akira Kita

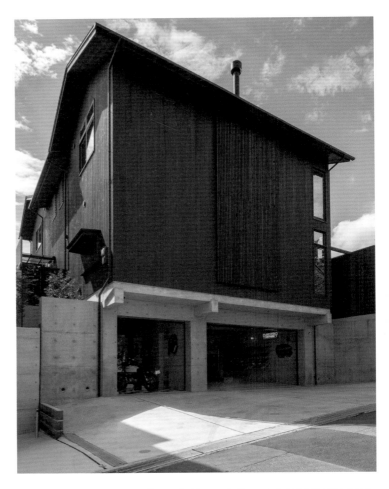

车库后侧的楼梯井连接着上面的楼层，光线可以直接覆盖到该区域，保证了这个位置的采光和整体效果。一层的客厅、厨房和客房围绕着庭院而建，并且从外部是完全看不到的，这样的设计能充分保护业主的隐私。二层是私密性较高的卧室。客厅里有壁炉，连着的烟囱穿过二层直达屋顶，整个设计具有鲜明的特色。室内设计方面，设计师采用了富有年代感的材料，使整个屋子充满传统和式住宅的韵味。为了整齐划一，房屋里的木制区域都以黑色为主。

在充满古朴设计感的厨房里，家人可以围坐在餐桌旁的工作台，一起做手工，共享天伦之乐。设计秉承着自然健康的理念，所以浴室的洗面台选用来自业主家乡的天然木材打造而成。设计师使用透明玻璃将浴室、盥洗区和起居室分隔开，使整体空间显得连贯且开阔。浴室里有一扇可用来采光的窗户，住户在洗浴时能够透过窗子欣赏外面院落的美景。

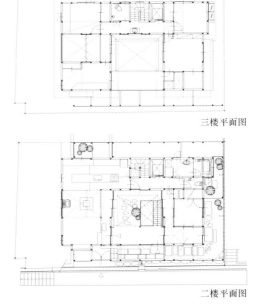

三楼 平面图

一楼 平面图

二楼 平面图

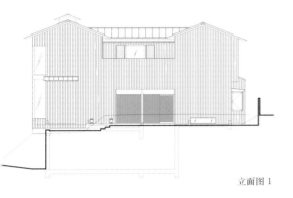

立面图 1

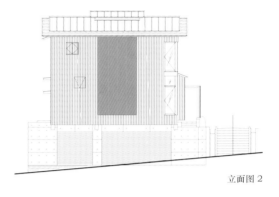

立面图 2

The House in Yao

八尾市建筑

建筑设计
Masato Sekiya

地点
八尾

完成时间
2017

建筑面积
178.62 平方米

摄影
Akira Kita

该项目是将一栋传统样式的旧房子进行翻新设计。房屋南北狭长，四周边缘有细窄的通道。

设计师将房屋重新修葺，把主屋向庭院部分扩展，在院子和一层之间铺设了一条大约 3 米宽的地板甬道。甬道穿过一楼，将房屋整体划分为东西两部分，直达南面。如此一来，从北面的大门一直到南侧的庭院就在结构上连接起来，形成了完整的景观。该设计利用了建筑原本狭窄的特点，将零散的空间相互连接，大大提高了房屋的整体性。

在设计上，起居室、餐厅、厨房和卧室之间采用玻璃折叠门相连，开关自如。住户可根据需要随意改变地板甬道和居住区域之间范围的大小。旧屋和新屋之间建了木制廊柱，廊柱的区域从东面一直延伸到西侧院子。无论位于房间何处，屋里的人们都能看到中央庭院，从而尽情欣赏和式庭院中随季节和光线不断变化的美景。

一楼平面图

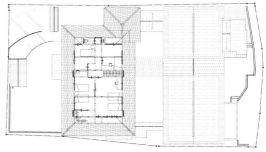

二楼平面图

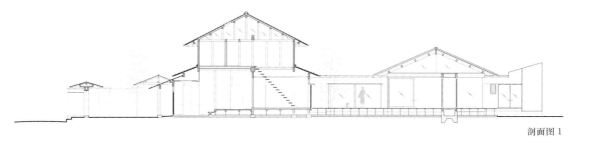

剖面图 1

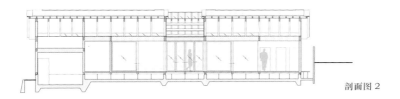

剖面图 2

Three of Roof House

三屋顶住宅

建筑设计
Takanobu Kishimoto

地点
姬路

完成时间
2014

建筑面积
106.61 平方米

摄影
Eiji Tomita

通过从西向东逐渐降低建筑物的高度，就可以阻挡东面邻居家的视线，而且住宅的每个部分都能享受到清晨的阳光，其间隔的空间也能获得来自南面的光照。娱乐室便于个人使用，而客厅则便于家庭聚会，步入式衣帽间可供全家使用。

入口、孩子的学习区域和用餐区域等公共空间被规划在三个主体部分之间。通过这些公共空间，业主的家人可以相聚或者相互分离。通过把车库和露台等外部区域并入内部空间，住宅的三个部分便可以连接起来，而且这种连接使得每个独立的空间更宽敞了。

这所住宅被三个屋顶所包围，是一栋一体化房屋。虽然建筑内有开放的空间，但是业主不必担心隐私问题，当他们需要享受私密的空间时，也有足够的单独空间供全家人使用。

一楼平面图

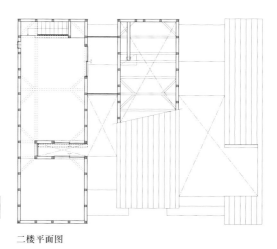

二楼平面图

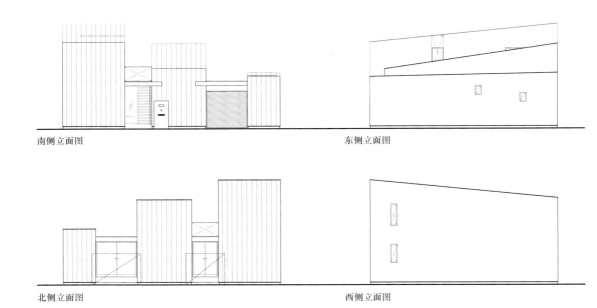

南侧立面图

东侧立面图

北侧立面图

西侧立面图

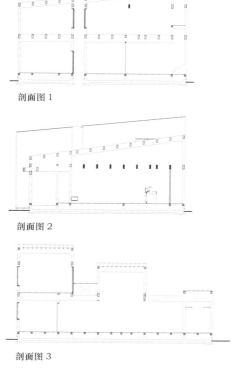

剖面图 1

剖面图 2

剖面图 3

Trays

盘子住宅

建筑设计
Akio Nakasa (Principal Architect),
Teppei Amano

地点
相模原

完成时间
2015

建筑面积
215.41 平方米

摄影
Toshiyuki Yano

设计师在该项目上最大化地运用了房屋的可使用面积及界线规则，并尽力扩展空间大小。由墙体和拱形区域相夹而形成的门廊可以用来放置房主的脚踏车等物品，同时也形成了住宅的一条走廊。

室内装修风格以白色为主，并以灰色墙体划分出门廊、居住空间和阳台。所有空间的举架都很高，整个双层住宅高度近 10 米。与该高度相匹配的外墙能够有效地保护住户的隐私。阳台和走廊入口处的墙体呈对角设计，能够很好地采光和通风，这一设计成为该项目最独到之处。

建筑标准允许在此处构建三层混凝土住宅，但设计师从租赁角度考虑，将此建成了两层木质住宅。该住宅的设计更像是公寓，体现了公寓所具有的宽敞性和宜居性。

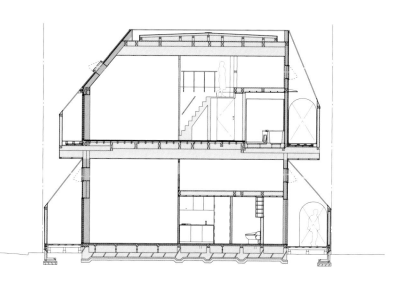

剖面图

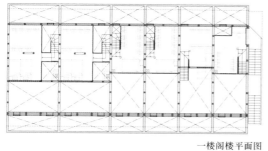

一楼阁楼 平面图

二楼阁楼 平面图

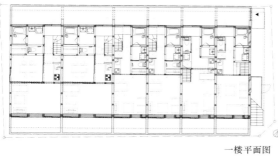

一楼 平面图

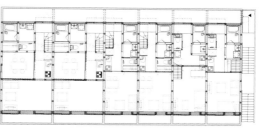

二楼 平面图

Wave

波浪住宅

建筑设计
Satoshi Kurosaki
(APOLLO Architects & Associates)

地点
藤泽

完成时间
2014

建筑面积
52.22 平方米

摄影
Masao Nishikawa

这个住宅平面呈 U 形,包围着底层的一个庭院。从外面可以直接进入这个庭院,而且设计师在其旁边还设置了一个卫生间,这样一来,住户可以在冲浪之后直接进入卫生间。儿童房与书房相连,两个房间也被布局在庭院周围,使在其中玩耍、工作的人可以享受到周围的自然风景,观赏到家人栽种的纪念树。

二楼是一个开放空间,从这里也可以看到庭院中的纪念树。后面的厨房采用开放式风格,餐厅与其仅隔着一个宽阔的角落窗口。起居室则在庭院的另一侧,稍微低矮的一层里,以一个缓缓倾斜的斜坡与餐厅相连。宽敞的屋顶露台位于临街的一侧,既有开放之感,同时也能保护住户的隐私。窗户可以被完全打开,使室内外空间无缝连接。设计师希望通过把房间安排在不同的高度上,使空间更具有戏剧性。

一楼平面图

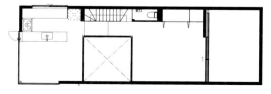

二楼平面图

Where the Dune Used to Be

沙丘故地

建筑设计
Kazuhiko Kishimoto

地点
藤泽

完成时间
2015

建筑面积
122 平方米

摄影
Hiroshi Ueda

这个地方原先是一片沙丘，四周分布着零星的松树，旁边还有一个坡度平缓的小山。设计房屋时，住户要求对这些山丘进行有效利用，因此，建筑师设计了一个大楼梯，通向地下室和一个大书架。由于房屋周围还保留着松木，所以要设有窗户来欣赏风景。这就是为什么这个标志性的大窗户是向东侧和北侧开放的，这样视野就不会受到未来可能产生的任何变化的影响，住户可以每天看到日升和日落，还能通过西侧的开放部分欣赏到富士山的美景。

二楼 平面图

一楼 平面图

Y8-house

Y8 住宅

建筑设计
Masahiko Sato

地点
长崎

完成时间
2015

建筑面积
101.82 平方米

摄影
Ikuma Satoshi

这座由木材和石材建造的房屋，位于长崎县的一座山顶上安静的居民区中。只要移开二楼和室中的可移动屏风，客厅、餐厅、办公室与和室便可以变为一个榻榻米开放空间。

此外，客厅和餐厅的间接照明顶灯被设置在红杉木制作的天花板中，并沿着墙壁连接到地面。在现代风格的客厅和餐厅中创造出一种节奏感。

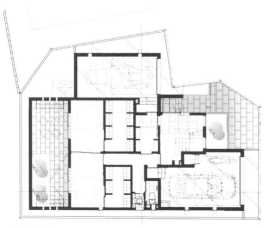

一楼平面图

二楼平面图

Y9-house

Y9 住宅

建筑设计
Masahiko Sato

地点
大阪

完成时间
2016

建筑面积
223.45 平方米

摄影
Koji Okamoto

为使这座建筑免受周围环境影响，保护其私密性并预防任何形式的犯罪的同时，设计师的主要目标还包括把建筑物东面的花园风景引入室内的生活空间中。

这座建筑的设计结构，使一楼不仅变成现有诊所的停车场，还成为储藏室和楼梯间里的电梯厅入口。二楼设有卧室和客厅。三楼被规划为起居室和用餐空间，家人可以在这里相聚。

停车场的天花板装有间接照明装置，用不同直径大小的圆点组成图案，呈现出有趣的节奏感。通往电梯厅的通道用红色杉木廊柱与车位分隔开来，另一侧由半高的墙壁和植物围起来。

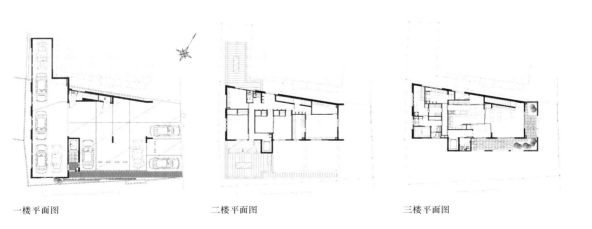

一楼 平面图   二楼 平面图   三楼 平面图

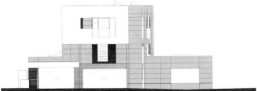

东侧立面图

西侧立面图

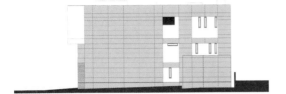

北侧立面图

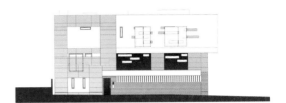

南侧立面图

Yamanote

山之手住宅

建筑设计
Katsutoshi Sasaki + Associates

地点
爱知

完成时间
2014

建筑面积
82.09 平方米

摄影
Katsutoshi Sasaki + Associates

由于客户希望吃饭、沐浴和休息等日常生活能在住宅中轻松便捷地进行，设计师便提议设计了一处长长的水泥地面，并在与之平行的南侧安排了一间卧室、一个厨房和一间浴室。水泥地位于接收光照的区域中的低楼层，住户可以依照他们的生活方式来利用这处自由空间。

墙面和地板均使用到了格栅，以确保内部房间视野开阔、光线充足，热量自由地流通。自然光和空气在各个房间之间渗透、扩散开来。格栅能适量地阻挡视线，因此非常适合用作家中的隔墙。

自然光从任何一个窗户照入都会形成反射、漫射和衍射等现象，因此光线经由住宅外墙的多个窗户进入室内之后会形成非常多样的光效景观。

二楼 平面图

一楼 平面图

Index

索引

Kazuya Saito Architects

P 116

Website / kyst.jp
Address / 4-28 SUUT #403, Kasugamachi, Aoba-ku, Sendai, Miyagi 980-0821, Japan
Telephone / (+81) 22-221-0655

Kinoshita, Masahiro

PP 130, 190

Website / www.masahirokinoshita.com
Address / A101, 2-16-2 Shimoochiai, Shinjyuku-ku, Tokyo 161-0033, Japan
Telephone / (+81) 3-6908-3460

Kishimoto, Kazuhiko

PP 154, 182, 232

Website / www.ac-aa.com
Address / 4-15-40-403, Nakakaigan, Chigasaki, Kanagawa 253-0055, Japan
Telephone / (+81) 045-228-7072

Kishimoto, Takanobu

PP 8, 38, 98, 106, 124, 174, 222

Website / cd-aa.com
Address / 306 Oshima Building, 3-1-14, Kaigandori, Chuo-ku, Kobe, Japan
Telephone / (+81) 78-335-5795

Kochi Architect's Studio

P 12

Website / www.kkas.net
Address / Zoshigaya 2-17-1, Toshima-ku, Tokyo 171-0032, Japan
Telephone / (+81) 03-3986-0095

Komada Architects Office

P 138

Website / komada-archi.info
Address / #203/401, Nishikasai Apartments, Nishikasai 7-29-10, Edogawa-ku, Tokyo 134-0088, Japan
Telephone / (+81) 03-5679-1045

Muto, Keitaro

PP 46, 206

Website / mut-archi.com
Address / Imakomachi 29, Gifu, Gifu Prefecture 500-8069, Japan
Telephone / (+81) 058-215-7272

Naoi Architecture & Design Office

P 120

Website / www.naoi-a.com
Address / 2F-A, Kanda-Surugadai 3-1-9, Chiyoda-ku, Tokyo 101-0062, Japan
Telephone / (+81) 03-6273-7967

Principal Architect

P 226

Website / www.naf-aad.com
Address / Chatelet Sanyo 203, 8-12 Nishihirizuka cho, Naka-ku Hiroshima-shi, 730-0024, Japan
Telephone / (+81) 082-543-4602

Ryuichi Ashizawa Architects & associates

P 58

Website / www.r-a-architects.com
Address / 3F, Nakajima-BLD, 1-1-4 Nakazaki-nishi, Kita-ku, Osaka 530-0015, Japan
Telephone / (+81) 6-6485-2017

Sano, Fumihiko

P 150

Website / fumihikosano.jp
Address / 1F, Sasaki bld-B, 2-5-7,Koishikawa, Bunkyo-ku,Tokyo, 112-0002, Japan
Telephone / (+81) 050-3479-7320

Sato, Masahiko

PP 142, 234, 236

Website / www.architect-show.com
Address / 302 Royal Parks, Daimyo 8-18, 1 chome Daimyo, Chuo-ku, Fukuoka, Japan
Telephone / (+81) 092-762-2100

Sekiya, Masato

PP 102, 214, 218

Website / planet-creations.jp
Address / 33-1 Yoshida-Kaguraoka Town, Sakyo-ku, Kyoto City, Kyoto Prefecture 606-8311, Japan
Telephone / (+81) 075-200-6049

Shigeru Ban Architects

P 194

Website / www.shigerubanarchitects.com
Address / 5-2-4 Matsubara, Setagaya-ku, Tokyo, Japan
Telephone / (+81) (0)3-3324-6760

Shinichi Ogawa & Associates

PP 54, 128, 146

Website / shinichiogawa.com
Address / Central Park Tower 2911, 6-15-1 Nishi Shinjuku, Shinjuku-ku, Tokyo 160-0023, Japan
Telephone / (+81) 03-5323-2011

Shogo Aratani Architect & Associates

P 90

Website / www.ararchitect.com
Address / 2F, 3-10, Hazetsuka-cho, Nishinomiya, Hyogo, Japan
Telephone / (+81) 0798-31-3484

Shoji, Takeru

PP 32, 66

Website / www.takerushoji.jp
Address / #202, Ijinike house, 591-1 Nishiohatacho, Chuo-ku, Niigata 951-8104, Japan
Telephone / (+81) 25-227-6639

SNARK

PP 82, 148

Website / snark.cc
Address / 53-2, Tamachi, Takasaki-shi, Gunma Prefecture, 370-0824, Japan
Telephone / (+81) 027-384-2268

Spatial Design Studio

P 186

Website / www.s-d-s.net
Address / #37, Yaraicho Terrace 101, Yaraichomachi, Shinjuku-ku, Tokyo 162-0805, Japan
Telephone / (+81) 03-3266-9971

Suga, Shotaro

PP 74, 78

Website / sugaatelier.com
Address / 1-3-20, Bandai , Abeno-ku, Osaka 545-0036, Japan
Telephone / (+81) 6-6626-1920

studio LOOP

PP 134, 178

Website / www.studioloop.net
Address / 3-8-4 Asahino, Itakura, Oura, Gunma
Prefecture 374-0112, Japan
Telephone / (+81) 0276-82-5730

Takagi, Yoshichika

P 104

Website / yoshichikatakagi.com
Address / 11-5-9, Shinkotoni9jo, Kita-ku, Sapporo,
Hokkaido 001-0909, Japan
Telephone / (+81) 011-769-9071

Tenkyu, Kazunori

P 6

Website / k-tenk.com
Address / 1-13-10 2nd floor, Marunouchi, Kita-ku,
Okayama-shi, Okayama 700-0823, Japan
Telephone / (+81) 86-235-5516

Tsuchida, Takuya

PP 198, 202

Website / www.number555.com
Address / Bluff gatehouse 26, Yamate-cho, Naka-ku,
Yokohama-shi, Kanagawa 231-0862, Japan
Telephone / (+81) 045-567-7179

Yahagi, Masao

P 16

Website / www.myahagi.com
Address / Tounoharu 5-10-8, Higashi-ku, Fukuoka City,
Fukuoka 813-0001, Japan
Telephone / (+81) 092-719-0456

y+M design office

P 210

Website / ymdo.net
Address / 1F, Hayashi Towel Building, 3-3-7 Yasakadai,
Suma-ku, Kobe, Hyogo Prefecture, 654-0161, Japan
Telephone / (+81) 78-891-7616

图书在版编目（CIP）数据

日本住宅导读／（日）雄桥高广编；齐梦涵译 . —桂林：
广西师范大学出版社，2018.9（2021.4 重印）

ISBN 978−7−5598−1139−4

Ⅰ . ①日… Ⅱ . ①雄… ②齐… Ⅲ . ①住宅−建筑设计−日本
Ⅳ . ① TU241

中国版本图书馆 CIP 数据核字 (2018) 第 199901 号

责任编辑：肖　莉
助理编辑：孙世阳
装帧设计：张　晴

广西师范大学出版社出版发行

（广西桂林市五里店路 9 号　　邮政编码：541004）
（网址：http://www.bbtpress.com　　）

出版人：黄轩庄

全国新华书店经销

销售热线：021−65200318　021−31260822−898

恒美印务（广州）有限公司印刷

（广州市南沙区环市大道南路 334 号　　邮政编码：511458）

开本：720mm×1 000mm　　1/16

印张：15.5　　　　　　字数：140 千字

2018 年 9 月第 1 版　　　2021 年 4 月第 3 次印刷

定价：128.00 元